天地科技股份有限公司科技创新创业资金专项面上项目(2020 - TD - MS007)
国 家 自 然 科 学 基 金 项 目(51574172) 资助
山 西 省 科 技 创 新 重 点 团 队 项 目

软煤层大采高综采采场围岩控制理论及技术研究

朱 涛　胡兴涛　刘治国　宋 敏 著

应急管理出版社

·北 京·

内 容 提 要

本书共分为 7 章，主要内容包括大采高开采理论及技术研究现状、软煤层大采高综采工作面矿压显现规律实测研究、软煤层大采高综采采场顶板岩层结构及运动破坏规律、软煤层大采高综采工作面煤壁片帮及防治措施研究、软煤层大采高综采采场底板损伤破坏理论研究、软煤层大采高综采采场支架—围岩关系、软煤层大采高综采辅助技术及措施等。

本书可供煤炭行业从事软煤层大采高综采工作的管理人员和技术人员借鉴参考，也可供高等院校相关专业的师生学习阅读。

前　　言

　　我国煤炭储量丰富，厚煤层储量在我国煤炭总储量中约占44%。因此，厚煤层开采技术在很大程度上决定着我国煤炭行业技术研究水平的提高和经济效益的发挥。近十几年来，大采高液压支架、采煤机和刮板输送机等配套设备的研制取得了重大突破，促进了大采高综采技术的进步。由于大采高综采具有资源回收率高、采出的煤炭含矸率低、工作面生产时煤尘少、瓦斯涌出量小等方面的优点，使其成为在厚煤层开采技术方面迅速发展的新工艺。但是，许多专家和学者通过多年的现场观测和大量的理论研究发现，在类似地质条件下，大采高综采工艺随着工作面煤壁和支架高度的加大，支架－围岩系统的稳定性降低、事故率增加，如果再受到断层、裂隙、节理、褶曲、陷落柱等复杂地质条件及煤质松软且煤层本身为节理、裂隙发育的软弱煤层等因素的影响时，极有可能会使得大采高综采工作面支架－围岩系统的稳定性更差、事故率更高，给煤矿的安全生产带来严重的隐患。

　　本书以晋城煤业集团赵庄煤矿二叠系下统山西组3号煤层及其顶、底板为主要研究对象，采用现场实测、理论分析、数值模拟计算和工业性试验等方法，在软煤层大采高综采工作面矿山压力显现规律、顶板岩层结构及运动破坏规律、煤壁片帮机理及防治技术、底板损伤破坏、支架－围岩关系以及开采技术保障体系等 6 个方面做了研究，取得了如下主要成果：

（1）通过现场实测的方法，揭示了软煤层大采高综采工作面矿山压力显现的基本特征和规律。

（2）以"砌体梁"理论为基础，较系统地研究了软煤层大采高综采采场上覆岩层的结构形态、运动破坏规律等。构建了软煤层大采高综采采场基本顶岩层的平衡结构模型，分析了基本顶岩层受力和变形的影响因素；提出了在软煤层大采高条件下，基本顶"砌体梁"结构也具有回转变形失稳和滑落失稳两种失稳的可能性，并给出了这两种失稳产生的条件；利用弹性力学变分问题方法对直接顶力学模型进行了求解，得出了直接顶岩层下沉量与基本顶回转角、弹性模量以及液压支架工作阻力的关系。

（3）通过对赵庄煤矿 3305 软煤层大采高综采工作面前方煤体塑性区宽度的数值模拟和理论计算，得出了软煤层大采高综采工作面煤壁的塑性区宽度；分析了软煤层大采高综采工作面煤壁片帮的主要影响因素，提出了防治煤壁片帮的措施。

（4）运用弹塑性理论计算出赵庄煤矿 3305 软煤层大采高综采工作面前方底板岩层和采空区范围内底板岩层的支承压力；建立了软煤层大采高综采采场底板岩层应力的计算模型，应用 Westergard 应力函数，对该模型进行了分析计算，得出了在三个边界条件下的采场围岩应力计算公式；根据 Coulomb－Mohr 准则，通过对平面应力状态下软煤层大采高综采采场边缘破坏区的分析，得出平面应力状态下和平面应变状态下软煤层大采高综采采场边缘底板岩层最大破坏深度的计算公式；利用修正后的采场底板岩体极限载荷计算公式和滑移线场理论，建立软煤层大采高综采采场支承压力所形成的底板屈服破坏深度的计算模型，通过对该模型的分析计算，得出了煤层底板岩层的最大破坏深度、最大破坏深度距离工作面端部的水平距离、采空区内底板岩层沿水平面方向最大破坏长度的计算公式。

（5）通过对软煤层大采高综采工作面液压支架工作阻力与顶板下沉量关系的研究，得出了在基本顶给定变形的条件下，软煤层大采高液压支架所承担给定变形的比例小于普通采高液压支架，并给出了液压支架初撑力、工作阻力的确定原则。构建了端面顶板漏、冒的"块体"结构模型，揭示了软煤层大采高综采工作面端面顶板漏、冒的机理，并提出了防治措施。从液压支架的顶梁长度与直接顶的自承极限垮距长度的关系出发，对液压支架的顶梁长度、支柱位置与顶板的适应性进行了分析。构建了支架掩护梁的受力模型，利用散体介质力学理论，得出了液压支架掩护梁所受的水平推力和垂直压力的计算公式。

（6）针对软煤层大采高综采工作面在复杂地质条件下，顶板破碎较为严重，容易产生漏、冒顶，漏风严重，上隅角瓦斯易超限等安全隐患，结合赵庄煤矿3305软煤层大采高综采工作面的实际情况，采用现场实践的方法确定了开切眼和撤架通道顶板、两帮的支护加固技术，软煤层大采高综采工作面超前注射玛丽散 N 型材料加固煤壁技术，预防工作面煤壁片帮、冒顶的安全措施，工作面综合管理的安全措施，上隅角防治瓦斯超限措施。最终，形成了一套较为完善的软煤层大采高综采辅助技术，为软煤层大采高综采工作面安全高产高效的实现提供了可靠的技术保障。

本书的研究工作得到了康立勋教授的悉心指导，谨向导师致以最诚挚的谢意。感谢晋城无烟煤矿业集团等有关领导和技术同仁在工程调研、现场监测、数据整理中给予的大力支持和帮助；感谢在课题研究过程中请教过的太原理工大学冯国瑞教授、杨双锁教授、翟英达教授、张召千教授、邢玉忠教授、张百胜博士、栗继祖教授。

本书的相关研究得到了天地科技股份有限公司科技创新创业资金专项面上项目（2020 - TD - MS007）、国家自然科学基金项目（51574172）、山西省科技创新重点团队项目的支持，在此一并表示衷心的感谢！

书中的观点和相关结论尚需在更多的实践和理论分析基础上不断改进和完善，才能更好地为解决工程难题提供有效的理论和方法。限于水平，书中难免有不足之处，敬请读者批评指正。

朱　涛

2019 年 4 月

目　次

1 绪 论

1.1 研究目的和意义

煤炭工业是关系我国经济命脉的重要基础性产业，支撑着国民经济的持续、快速、健康发展。我国煤炭资源总量丰富，预测煤炭资源储量达 5570 Gt，已经探明的煤炭资源储量达 114.5 Gt，占已探明化石能源总量的 96% 以上。1949 年以来，煤炭在我国一次性能源生产和消费结构中一直占 70% 左右的比例。煤炭提供了 76% 的发电能源、工业燃料和动力，70% 的化工原料以及 60% 的民用能源。根据国家统计局公布的 2018 年国民经济和社会发展统计公报，2018 年我国共生产原煤 3680 Mt，占我国一次性能源消费的 59% 左右[1~4]。

我国煤炭储量丰富，厚煤层储量在我国煤炭总储量中约占 44%[5,6]。我国有很多赋存 ≥3.5 m 的厚煤层矿区，如河北邢台和开滦，江苏徐州，山东龙口和兖州，安徽淮北，辽宁阜新，黑龙江双鸭山，河南义马，山西西山、大同、潞安、晋城和阳泉，陕西铜川等矿区。因此，厚煤层开采技术在很大程度上决定着我国整个煤炭行业技术研究水平的提高和经济效益的发挥。我国厚煤层开采主要有 3 种方法[7]：

（1）分层开采。平行于厚煤层面将其分为若干个 2.0~3.0 m 的分层，自上而下逐层开采，如图 1-1 所示。

（2）放顶煤开采。在厚煤层底部布置一个 2.0~3.5 m 采高的长壁工作面，用常规方法进行开采，顶煤利用矿山压力的作用或辅以人工松动预爆破等方法进行破碎，由支架上方或后方的放煤口放出，经工作面后部刮板运输机运出工作面。如图 1-2 所示。

1

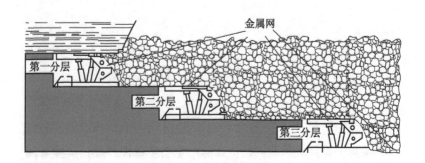

图 1-1　分层开采示意图

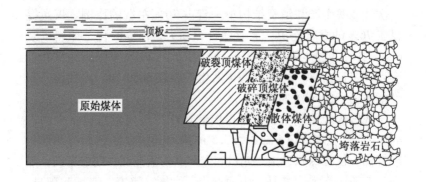

图 1-2　放顶煤开采示意图

（3）大采高综采。使用与采高相同的综采支架（根据 MT 550—1996《大采高液压支架技术条件》规定，最大开采高度大于或等于 3800 mm，用于一次采全高工作面的液压支架）和配套设备，开采整层厚度大于或等于 3.5 m 厚煤层的方法，简称大采高，对应的回采工作面称为大采高工作面[8]。

20 世纪 80 年代以前，分层开采是厚煤层开采的主要方法，虽然技术成熟，但缺点也较多，如：巷道的掘进率高、开采成本高、下分层巷道的支护难度大、区段煤柱损失大、采空区易自燃等。20世纪90年代，由于放顶煤开采厚煤层具有产量高、效益好等优点，在山西潞安、山东兖州等矿区试验成功后，迅速在全国进行了推广，为我国高产、高效矿井的建设做出了巨大的贡献，但仍然有很多技术难题未得以解决，如回收率较低、易自燃、煤尘大、瓦斯易集聚等[9,10]。

近些年来，大采高液压支架、采煤机和刮板输送机等配套设备的研制已经取得重大突破，促进了大采高综采技术的进步。由于大采高综采具有资源回收率高、采出的煤炭含矸率低、工作面生产时煤尘少、瓦斯涌出量小等优点，使其成为在厚煤层开采技术方面迅速发展的新工艺[11]。随着大采高综采技术的发展，必将会对改变我国煤炭工业的技术面貌、提高我国煤炭企业在国际市场上的竞争力、保障国家能源安全等起到重大而深远的作用。

但是，许多专家、学者通过多年的现场观测和大量的理论研究发现，在类似地质条件下，大采高综采工艺随着工作面煤壁和支架高度的加大，支架—围岩系统的稳定性变差、事故率更高（达19%以上，远高于一般采高的综采工作面）。如果再受到断层、裂隙、节理、褶曲、陷落柱等复杂地质条件及煤质松软且煤层本身为节理、裂隙发育的软弱煤层等因素的影响，极有可能使大采高综采工作面支架—围岩系统的稳定性更差、事故率更高。

软煤层大采高综采工作面由于煤壁片帮经常发生，致使端面距增大、工作面无支护区宽度加大，导致顶板漏冒的概率增加，冒顶时大量岩块落入工作面工作空间内，将会严重影响煤矿的安全生产。煤壁的稳定性又与采场上覆岩层的运动状态、支架的形式和工作状态、工作面采高、推进速度等因素紧密相关。在大采高采场上覆岩层运动、煤壁稳定性、底板岩层损伤等多种因素的共同相互作用下，液压支架的受力状态发生恶化，甚至会造成支架主要部件乃至整架严重损坏或报废。由于端面直接顶岩层的破坏冒落，迫使支架顶梁抬头，严重时还会因为支架上部失去约束，加上复杂的地质条件，极有可能导致大规模的咬架、倒架等支架稳定性事故的发生。支架稳定性事故加剧了工作面设备的磨损和老化，倒架和高架冒顶事故直接引发顶板事故，而且在工作面内重新调整大采高重型支架的难度、危险性系数、材料和工时的消耗等都很大，直接导致煤矿生产成本增加，严重制约了大采高综采设备能力的发挥。

实践表明，在煤壁弱面发育、煤质松软、顶板破碎或坚硬、地质条件复杂等条件下，随着采高的增大，发生煤壁片帮的概率也较大。特别是在坚硬顶板条件下，如果工作面的来压步距大、强度高、支架的工作状态不理想时，来压时顶板岩层极易造成对工作面煤壁和支架的冲击。对支架本身而言，可能会引起支架失稳，进而加重煤壁片帮，给煤矿安全生产带来严重的隐患。

因此，深入、系统地研究软煤层大采高综采工作面围岩控制理论及技术，不仅能为类似煤层煤矿的设计、开采、安全生产的管理和决策提供科学依据，还能够丰富和发展矿山压力及岩层控制理论。所以，软煤层大采高综采工作面围岩控制理论及技术研究具有重要的理论意义和工程实际意义。

1.2　研究现状与文献综述

1.2.1　国内外采场上覆岩层结构理论研究现状

采场上覆岩层结构理论研究主要集中在采场矿山压力及控制、开采沉陷及控制两个领域上。采场上覆岩层结构理论的形成和发展过程大致经历了3个阶段[12~14]，提出的假说和理论研究成果对矿山压力及岩层控制具有一定的指导意义[15]。

1.2.1.1　采场上覆岩层结构早期认识与初步研究阶段

20世纪50年代以前，由于受到当时科学技术发展水平的限制，人们对采场上覆岩层结构的认识仅处于假说阶段。本阶段比较有典型代表性的假说主要有[16~23]以下4种：

（1）压力拱假说。压力拱假说是由德国学者哈克（W. Hack）
和吉里策尔（G. Gillitzer）于1928年提出的。该假说认为在长壁
回采工作面自开切眼起，工作面上方由于岩层自然平衡的结果形
成了一个"压力拱"。拱的一个支撑点在采空区已垮落的矸石或
采空区的充填体上，形成后拱脚 A，而另一个支撑点在工作面前
方煤体内，形成前拱脚 B，如图1-3所示。随着工作面的推进，
前后拱脚也随之向前移动。A、B 均为应力增高区（S_1、S_2），工
作面则处于应力降低区。在前后拱角之间无论顶板或底板中都形
成了一个减压区（L_1），回采工作面的支架只承担压力拱 C 内的
岩石重量。

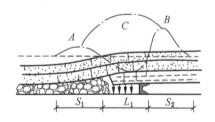

图1-3　压力拱假说模型

压力拱假说解释了两个重要的矿山压力现象：一是支架承受
上覆岩层的范围是有限的；二是煤壁上和采空区矸石上将形成较
大的支承压力。

由于该假说难以回答岩层变形、移动和破坏发展的过程以及
支架—围岩的相互作用关系等诸多问题，所以只能停留在对一些
矿山压力现象一般解释的水平上。

（2）铰接岩块假说。苏联学者库兹涅佐夫（г. H. Куэнедов）
在实验室进行采场上覆岩层运动规律研究的基础上于1950—
1954年提出了铰接岩块假说。铰接岩块假说比较深入地揭示了
采场上覆岩层的发展状况，特别是岩层垮落实现的条件。

该假说认为，工作面上覆岩层的破坏可分为垮落带和其上的规则移动带。垮落带分为上、下两部分，下部垮落时，岩块杂乱无章；上部垮落时，则呈规则的排列。规则移动带岩块间可以相互铰合而形成一条多环节的铰接，并规则地在采空区上方下沉，如图1-4所示。该假说认为，工作面支架需要控制的顶板有垮落带和其上的铰接岩梁组成。垮落带给予支架的作用力由支架全部承担。在水平推力的作用下，铰接岩块构成一个平衡结构，这个结构与支架之间存在"给定变形"的关系。

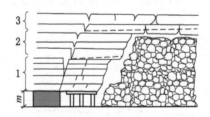

图1-4 铰接岩块假说模型

铰接岩块假说重大的贡献在于它不仅解释了压力拱假说所能解释的矿山压力现象，还解释了采场周期来压现象，第一次提出了直接顶厚度预计的公式，揭示了支架载荷的来源和顶板下沉量与顶板运动的关系。

（3）悬臂梁假说。德国学者施托克（K. Stoke）于1916年提出悬臂梁假说，后得到英国的弗里德（I. Friend）、苏联的格尔曼（А. П. Герман）等学者的支持。该假说认为工作面和采空区上方的顶板可视为梁，初次垮落后，顶板可以看作是一端固定在工作面煤壁前方煤体上，另一端处于悬伸状态的悬臂梁。当悬伸长度很大时，发生有规律的周期性折断，从而引起周期来压。

悬臂梁假说可以较好地解释工作面前方出现的支承压力和工

作面出现的周期来压现象，但没有考虑支承压力预破坏顶板岩层的影响。

（4）预成裂隙假说。比利时学者 A·拉巴斯于 1947 年年初提出了预成裂隙假说。该假说认为，由于工作面前方支承压力的作用，使顶板岩层中形成了矿山压力裂隙，致使上覆岩层的连续性遭到破坏，从而成为非连续体。在工作面周围存在着应力降低区、应力升高区和采动影响区，随着工作面的推进，三个区域同时相应地前移，如图 1-5 所示。图中Ⅰ为应力降低区，Ⅱ为应力升高区，Ⅲ为采动影响区。

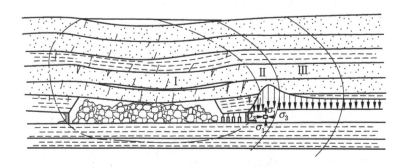

图 1-5　预成裂隙假说示意模型

该假说的贡献在于其揭示了煤层及临近采场的部分岩层在支承压力作用下超前破坏的原因，但不能正确地解释采场上覆岩层的周期性破坏和来压规律。

此外，还有俄国学者 M. M. 普罗托季亚科诺夫于 1907 年提出的描述采场矿山压力的"普氏平衡拱"假说。

1.2.1.2　采场上覆岩层结构理论的近代发展阶段

20 世纪 60 年代以来，开采中出现的种种问题要求人们必须研究用定量分析的手段来指导采矿工程设计及现场生产中的采场上覆岩层结构理论。基于西方国家的经济实力和国情特点，其对采场矿山压力的控制研究主要是从矿山机械设备方面进行的。而在我国，只能以较低的设备投入来实现矿井的安全、高效生产，因此，我国学者的研究重点就是通过研究采场上覆岩层的结构以发现采场矿山压力的规律并加以控制。我国的专家学者在采场上覆岩层结构研究方面做出了突出贡献。

（1）"砌体梁"理论。上覆岩层结构形态主要的研究工作开始于 20 世纪 60 年代初，中国工程院院士钱鸣高教授在铰接岩块假说和预成裂隙假说的基础上，通过对中煤大屯煤电公司孔庄煤矿开采后岩层内部移动的观测，研究了裂隙带岩层形成结构的可能性和结构的平衡条件，提出了上覆岩层开采后呈"砌体梁"式平衡的结构力学模型[24,25]，如图 1-6 所示。

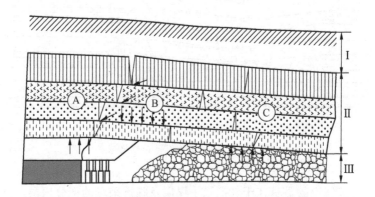

A—煤壁支撑区；B—离层区；C—重新压实区
Ⅰ—垮落带；Ⅱ—裂隙带；Ⅲ—弯曲下沉带

图 1-6 采场上覆岩层中的"砌体梁"结构模型

该理论认为采场上覆岩层的岩体结构主要是由多个坚硬岩层组成，每个分组中的软岩可视为坚硬岩层上的载荷，在水平推力作用下，断裂后且排列整齐的坚硬岩块可形成铰接关系。此结构具有滑落和回转变形两种失稳形式。该理论给出了采场上覆坚硬岩层周期性断裂后形成平衡结构的条件，并阐述了采场来压、支架—围岩关系等一系列的问题。中国矿业大学缪协兴教授和钱鸣高教授在 1995 年给出了关于"砌体梁"的全结构模型[26]，并对"砌体梁"全结构模型进行了力学分析，得出了"砌体梁"的形态和受力的理论解以及"砌体梁"排列的拟合曲线。

（2）"传递岩梁"理论。20 世纪 80 年代初，中国科学院院士宋振骐教授等人在大量现场观测的基础上建立并逐步完善了以岩层运动为中心，预测预报、控制设计和控制效果评判三位一体的实用矿山压力理论体系[27,28]，如图 1-7 所示。

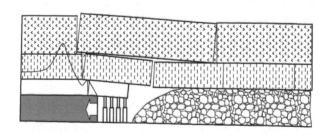

图 1-7 采场上覆岩层中的"传递岩梁"结构模型

该理论认为，基本顶岩梁对支架的作用力取决于支架对岩梁运动的抵抗程度，可能存在"给定变形"和"限定变形"两种工作方式，并给出了支架—围岩关系的位态方程。工作面煤壁前方的内、外应力场理论也是该假说的重要组成部分。此观点对确定合理巷道的位置及采场顶板控制设计起到了十分重要的作用。

（3）岩板理论。由于"砌体梁"结构的研究是限于采场中部沿走向的平面问题，在坚硬顶板工作面，研究了将基本顶岩层视为四周为各种条件下的"板"的破断规律、基本顶在煤体上方的断裂位置以及断裂前后在煤与岩体内所引起的力学变化。

在坚硬顶板工作面，太原理工大学贾喜荣教授首先将基本顶岩层视为四周为各种支撑条件下的"薄板"并研究了薄板的破断规律、基本顶在煤体上方的断裂位置以及断裂前后在煤与岩体内所引起的力学变化[29];中国工程院钱鸣高院士等学者于1986年提出了岩层断裂前后的弹性基础梁模型,从理论上证明了"反弹"机理并给出了算例[30];钱鸣高院士和朱德仁教授以及钱鸣高院士和何富连教授分别在1987年和1989年提出了各种不同支撑条件下的 Winkler 的弹性基础上的 Kichhoff 板力学模型[31,32]。北京科技大学姜福兴教授于1991年通过对长厚比小于5～8倍的中厚岩板进行了解算[33],得出了重要的结论。

至此,开采后基本顶的稳定性、断裂时引起的扰动及断裂后形成的结构形态形成了一个总体概貌。

1.2.1.3 采场上覆岩层结构理论的现代发展(研究)阶段

1994年,中国工程院钱鸣高院士领导的课题组通过对"砌体梁"结构进一步的深入研究,促成了"S－R"稳定性理论的形成。该理论认为,主要影响采场顶板控制的是离层区附近的关键块,关键块的平衡与否直接影响到采场顶板的稳定性和支架受力的大小。提出了"砌体梁"关键块的滑落与转动变形失稳条件即"S－R"稳定条件[34~38];中国矿业大学缪协兴教授于1989年对采场基本顶初次来压时的稳定性进行了分析[39];西安科技大学侯忠杰教授给出了比较精确的基本顶断裂岩块回转端角接触面尺寸,并分别按照滑落失稳和回转失稳计算出了类型判断曲线[40,41];钱鸣高院士和西安科技大学的黄庆享教授、石平五教授于1999年建立了浅埋煤层采场基本顶周期来压的"短砌体梁"和"台阶岩梁"的结构模型[42,43],分析了顶板结构的稳定性,揭示了工作面来压明显和顶板台阶下沉的机理是顶板结构的滑落失稳。

关键块与前方岩体之间的端角摩擦系数和岩块间的端角挤压系数的大小直接关系到对顶板结构的稳定性及失稳形式的判断,对采场顶板岩层控制的定量化分析至关重要。2000年,钱鸣高院士、黄庆享教授和石平五教授三位学者通过岩块实验、相似模拟和计算模拟，研究了基本顶岩块端角摩擦和端角挤压特性[44]，得到了基本顶岩块端角摩擦角为岩石残余摩擦角，摩擦系数为0.5，端角挤压强度具有规律性，端角挤压系数为0.4。另外，湖南科技大学钟新谷教授借助突变理论分析了煤矿长壁工作面顶板变形失稳的初始条件，推导了变形失稳的分叉集，指出了顶板不发生大面积来压的条件；提出了大面积顶板来压时采场顶板临界稳定参数模型；借助结构稳定理论，建立了顶板变形失稳的几何、载荷参数条件，提出了确定合理支架刚度的标准及计算公式[45~47]。1996年煤炭科学研究总院闫少宏研究员和贾光胜研究员提出了上位岩层结构面稳定性的定量判别式[48]。在"砌体梁"和"传递岩梁"理论的基础上，通过大量现场观测、实验室试验和理论研究，姜福兴教授提出了基本顶存在"类拱""拱梁""梁式"三种基本结构，并提出了定量诊断基本顶结构形式的"岩层质量指数法"[49~51]。采用专家系统原理，实现了计算机自动分析柱状图，得出基本顶结构的形式和直接顶的运动参数，进而实现顶板控制的定量设计。

　　钱鸣高院士领导的课题组通过多年对顶板岩层控制的研究与实践，在20世纪90年代中后期提出了岩层控制的关键层理论[52~56]。关键层理论的研究实质是进一步研究硬岩层所受的载荷及其变形规律，进而了解影响工作面及地表沉陷的主要岩层及其变形形态。该理论把对上覆岩层活动全部或局部起控制作用的岩层称为关键层。关键层判断的主要依据是其变形和破断特征，即在关键层破断时，其上覆全部岩层或局部岩层的下沉变形是相互协调一致的，前者称为岩层活动的主关键层，后者称为亚关键层。关键层的破断将导致全部或相当部分的上覆岩层产生整体运动。岩层中的亚关键层可能不止一层，而主关键层只有一层。中国矿业大学茅献彪教授、缪协兴教授、钱鸣高院士分析研究了上覆岩层中关键层的破断规律[57]。钱鸣高院士、茅献彪教授、缪协兴教授又于1998年就采场上覆岩层中关键层上载荷的变化规律作了进一步的探讨[58]。中国矿业大学许家林教授和钱鸣高院士于2000年给出了上覆岩层关键层位置的判断方法[59]。关键层理论揭示了采动岩体的活动规律,特别是内部岩层的活动规律,是解决采动岩体灾害的关键。

许家林教授、钱鸣高院士分别对上覆岩层采动裂隙分布特征和上覆岩层采动裂隙分布的"O"形圈特征进行了研究,建立了卸压瓦斯抽放的"O"形圈理论[60,61],保证了卸压瓦斯钻孔有较长的抽放时间、较大的抽放范围和较高的瓦斯抽放率,已成功地在安徽淮南、淮北、山西阳泉等矿区的卸压瓦斯抽放中进行了试验并进行了推广及应用[62,63]。

离层注浆减沉技术要取得好的效果,上覆岩层中必须存在典型关键层并能够形成较长的离层区,同时应合理地布置注浆钻孔。关键层理论及其关于上覆岩层离层动态分布规律的研究成果,为上述问题的解决提供了理论依据[64,65]。在采场底板突水的治理中,中国航空部勘察设计研究院黎良杰高工在底板突水事故统计分析的基础上,分别对无断层底板关键层的破断与突水机理及有断层底板关键层的破断与突水机理进行了研究[66]。

在矿山压力控制研究中,关键层理论表明,相邻硬岩层的复合效应增大了关键层的破断距,当其位置靠近采场时,将引起工作面来压步距的增大和变化[67]。此时不仅第一层硬岩层对采场矿山压力显现产生影响,与之产生复合效应的邻近硬岩层也对矿山压力显现产生影响。

姜福兴教授通过现场实测、实验室实验和数值计算等探索了采动上覆岩层空间结构与应力场的动态关系[68]。研究表明,在评判巷道围岩应力、工作面底板应力及离层注浆后注浆立柱的地下持力体的稳定性时,采用立体力学模型计算出的结果更合理和准确。由姜福兴教授领导的课题组与澳大利亚联邦科学与工业研究组织(CSIRO)广泛合作,利用微地震定位监测技术揭示了采场上覆岩层空间破裂与采动应力场的关系，证实了采矿活动导致采场围岩的破裂存在四种类型，证实了上覆岩层空间破裂结构与采动应力场的关系在两侧煤体稳定、煤体一侧稳定和另一侧不稳定、两个以上采空区连通三种典型边界条件下具有不同的规律，并且在空间上展示了顶板、底板、煤体的破裂形态及其与应力场的关系。通过现场实测，证明在地层进入充分采动之前，上覆岩层的最大破裂高度 G 近似为采空区短边长度 L 的一半，即 $G/L \approx$ 0.5。这一结论解释了煤矿连续出现采空区"见方"（工作面斜长与走向推进距离接近）时，压死支架或发生冲击地压的原因。采场上覆岩层空间结构概念的科学意义在于将采场矿山压力与岩层运动的研究范围扩大到了基本顶以上和三维空间，从上覆岩层空间结构的角度研究了结构运动与采动支承压力的关系，将采场矿山压力的研究从平面阶段推进到了空间阶段。

此外，其他许多学者也在采场矿山压力理论及上覆岩层运动规律方面做了许多卓有成效的工作[69~76]，对于矿山压力与岩层控制理论的发展和完善起到了巨大的作用。近年来，有些专家、学者将非线性科学的一些基本原理应用到采场矿山压力与预测预报领域，对矿山压力现象的预测和可预测评价问题进行了有益的探索[77,78]。

1.2.2 国内外采场底板岩层结构理论研究现状

长期以来，我国采场矿山压力界对采场底板采动破断规律的研究相对较少，并且远不如对顶板研究的那样成熟。煤层底板发生应力重新分布，是由于开采工作引起底板所受荷载分布发生变化而引起的，而这种荷载是上覆岩层通过煤体和采空区垮落矸石向煤层底板传播的结果。目前，对煤层底板岩体的理论研究主要集中在三个方面：采煤工作面底板应力与位移变化规律及底板岩体变形破坏特征；底板岩体变形破坏后的渗流特征及突水预测预报；底板突水的防治技术[79]。

关于煤矿开采底板变形与破坏，苏联学者 B. 斯列萨列夫于 20 世纪 40 年代提出固定梁的概念，并以此判断底板的强度[80]。波兰学者 M. 鲍莱茨基（Boreek，M.）和 M. 胡戴克（Chudek，M.）给出了底板开裂、底鼓、底板断裂和大块底板突起等不同的概念[81]。苏联学者 И. А. 多尔恰尼诺夫（И. А. Турчанинов）等认为，在高应力作用下（如深部开采），岩体或支承压力区出现渐进的脆性破坏，其破坏形式是裂隙渐渐扩展并发生沿裂隙的剥离和掉块[82]。20 世纪 60 年代至 80 年代末期，很多国家的岩石力学工作者在研究矿柱的稳定性时得出了底板的破坏机理。60 年代初，匈牙利开展了以"保护层"为中心的突水理论研究，匈牙利国家矿山研究院采用了原位地应力测试和数值计算的方法评价底板的稳定性。文献［83］基于改进的 Hoek - Brown 岩体强度准则，引入了临界能量释放点的概念和取决于岩石性质和承受破坏应力前岩石已破裂的程度和与岩体指标 BMR 相关的无量纲参数 m 和 s，分析了底板的承载能力，对采动底板岩体破坏的机理研究具有重要的参考价值。

　　中国工程院刘天泉院士于 1981 年对煤层采空区底板的破坏形态进行了描述，在国内率先提出了煤层采空区底板岩层破坏"三带"的概念[84]。在力学分析的基础上，刘天泉院士、张金才博士等提出了底板岩层由采动导水裂隙带和底板隔水带组成，结合 Coulomb - Mohr 强度理论和 Griffith 强度理论分别求得了底板受采动影响的最大破坏深度。在此基础上，得到了以底板岩层抗剪强度和抗拉强度为基准的预测底板所能承受的极限水压力的计算公式[85,86]。

　　山东科技大学李白英教授、高延法教授等学者于 1988 年提出"下三带"理论，该理论认为煤层底板自上而下存在着三个带：采动破坏带（Ⅰ带），完整岩层带（Ⅱ带）和导升高度带（Ⅲ带），并得出了底板破坏深度与采面斜长之间的线性关系，代表了底板变形理论研究的新成果[87,88]。张玉卓博士利用断裂力学的方法研究了底板岩体地应力的分布和破坏深度[89]。中国矿业大学曹胜根教授研究了房柱式工作面底板的应力分布规律[90]。煤炭科学研究总院王作宇研究员等学者提出了底板移动的原位张裂和零位破坏理论[91~93]。

1.2.3 国内外上覆岩层移动变形规律研究现状

以波兰学者阿维尔申为代表，用连续介质的力学方法研究了岩层移动规律。中国矿业大学杨硕教授建立了开采沉陷的力学模型[94]。神东煤炭公司罗文分析了岩层的变形和位移情况，使岩层移动的理论计算有了突破[95]。但该结果可以在某些方面作为定性的参考与解释，与岩层移动的实际情况相差甚远。

20世纪50年代，波兰学者李特维尼申等认为开采引起的岩层和地表移动的规律与颗粒体介质模型所描述的规律在宏观上相似，建立了岩层或地表下沉预计的随机介质理论法。后由中国工程院刘宝琛院士、北京科技大学廖国华教授等发展为概率积分法，是目前我国较为成熟且应用最广泛的地表下沉预计方法之一。

目前，用于研究非连续介质体运动的方法多种多样。离散单元法是由美国学者坎达尔（Cundall）在1971年提出的，该方法能用于解决被节理切割岩体的大位移、大变形问题，能较好地模拟岩层的层状特征及移动过程中的离层现象。我国学者何国清等建立了碎块体理论—地表沉陷的威布尔分布[96]，李增琪高工应用积分变换法推导出层状岩层移动的解析解[97]，中国工程院谢和平院士提出的损伤非线性大变形有限元法[98]和中国矿业大学何满潮教授提出的非线性光滑有限元法[99]试图从大变形角度研究上覆岩层的移动规律。辽宁工程技术大学于广明教授提出的岩层二次压缩理论，将地表沉陷与岩层的物理力学性质联系起来[100]。

在采场上覆岩层和地表变形的时间问题上，波兰学者克诺泰

(St. Knothe) 和沙乌斯脱维奇 (A. Salustowlcz) 利用土压密的基本假设进行了研究, 得出了公式[101]:

$$\frac{\partial W}{\partial t} = c \left[W_k - W(t) \right] \qquad (1-1)$$

式中 W——地表某点的下沉值;

   c——下沉时间系数, 它取决于岩石性质和开采深度;

   W_k——地表某点当 $t \to \infty$ 时最终下沉量;

$W(t)$——地表某点在 t 瞬间的下沉量。

计算出微分方程的解:

$$W(t) = W_k \left[1 - \exp(-ct) \right] \qquad (1-2)$$

实际观测资料与公式理论曲线对比表明, 理论曲线的起始部位比实测结果总是偏小。

辽宁工程技术大学麻凤海教授应用离散元法研究了岩层移动的时空过程[102]。东北大学王泳嘉教授等用流变力学的凯尔文流变模型研究了岩层和地表移动的时间因素[103]。中南大学曾卓乔教授用流变力学方法解释了下沉速度系数 c 的物理意义。中国矿业大学崔希民教授等从实验的角度研究了采场上覆岩层的流变特性[104,105]。但近几年, 在此方面的研究成果较少。

从上述分析可知, 对采场上覆岩层和地表变形的研究上, 大体上可以分为两类, 即: 经典唯象学方法和经典力学方法。将两类方法结合, 即"黑箱"问题"灰箱"化, 通过现场实测及室内外的岩石力学实验, 结合岩体变形特征的本构方程揭示岩层移动变形规律[106]。

1.2.4 国内外大采高开采理论及技术研究现状

1.2.4.1 国内大采高开采理论及技术研究现状

我国于 1978 年引进德国赫姆夏特公司生产的 G320 – 23/45 型掩护式大采高液压支架及相应的采煤、运输设备, 在开滦矿务局范各庄煤矿 1477 工作面开采 7 号煤层。在 7 号煤层厚度为 3.3 ~

4.5 m、倾角 10° 的条件下，工作面平均月产量为 70819 t，最高月产量为 94997 t，取得了良好的开采效果。1985 年在西山矿务局官地煤矿 18202 工作面首次采用国产大采高综采设备进行工业性试验，所用大采高液压支架型号为 BC520 - 25/47 型支撑掩护式，所开采的 8 号煤层平均厚度为 4.5 m，在倾角小于 5° 以及 Ⅱ 级 3 类顶板条件下，支架经历了仰斜、俯斜和斜推使用，该大采高综采工作面 3 个月产煤 112000 t。1986 年邢台矿务局东庞煤矿使用国产 BY3200 - 23/45 型掩护式液压支架配套大采高综采设备，在 2702 工作面成功地进行了工业性试验[107~110]。1987—1988 年该矿又与北京煤机厂合作，在改进 BY3200 - 23/45 型掩护式液压支架的基础上，开发研制出了 BY3600 - 25/50 型掩护式大采高液压支架，在该矿 2 号煤层开采中取得了成功。在采高平均为 4.8 m 的情况下，工作面平均月产 104350 t，最高月产 142211 t。1989 年以来，该矿一直保持了大采高综采队年产百万吨以上的水平。开滦矿务局林南仓煤矿采用 BY3200 - 23/45 型掩护式大采高液压支架在 1182 工作面成功地开采了 8 - 1 煤层。支架在煤层倾角 6°~38°，平均倾角 22° 以及 Ⅱ 级 2 类顶板条件下，经历了过断层、老巷和无煤柱等恶劣条件的考验，工作面平均月产量达到 40000 t。1980—1990 年，我国先后在陕西铜川、河北开滦和邢台、山西西山、山东兖州、黑龙江双鸭山、江苏徐州等矿区使用了大采高综采方法，但采高均未超过 5.0 m。1981 年到 1994 年，全国累计年产超过百万吨的综采队有 359 个，其中大采高综采队有 19 个，占 5.3%。

近年来，大采高综采技术发展到了一个新的阶段，其优势越来越得到普遍认可。国内煤矿大采高综采工作面采高超过了 5.0 m，日产量达到了万吨级水平，其中部分工作面的生产能力及工效达到和超过了国际水平，成为国际一流的大采高综采工作面。神华集团神东公司补连塔煤矿主采的 1、2 号煤层，工作面采高 4.5~4.8 m，2008 年生产原煤 21.48 Mt、商品煤 20.40 Mt，回采工作面原煤生产效率达到了767.5 t/工。2007年，神东公司上湾煤矿建成了国内乃至世界上第一个6.3 m大采高重型加长工作面。2008年上湾煤矿生产煤炭13.30 Mt，矿井原煤生产效率158.0 t/工，回采工作面原煤生产效率859.0 t/工，创造了井工矿单井单面原煤生产效率世界最高的水平。晋城煤业集团寺河煤矿在高瓦斯条件下，采高达到了5.5 m，为我国煤矿采高首次达到5.5 m的矿井，最高日产达33320 t，最高月达到了573101 t。大同煤矿集团公司四老沟矿则在"两硬"条件下，使用国产ZZ9900-29.5/50液压支架成功地开采了平均5.1 m厚的14号煤层，工作面最高月产为315500 t，为普通综采工作面产量的3.26倍，最高日产达15114 t，最高直接工效达到212.8 t/工。寺河煤矿使用的ZY9400-28/62支撑掩护式液压支架已经投入使用，工作面采高达到6.0 m，极限高度可达6.2 m。2009年12月31日神华集团神东公司补连塔煤矿22303大采高综采工作面投入试生产，工作面长度301 m，推进长度4971 m，煤层平均厚度7.55 m。该工作面装备由神华集团和郑州煤机集团合作研发制造的世界首套ZY16800/32/70D型大采高液压支架，单台重量68.0 t，采用电液控制和双通道、大流量立柱阀组，保证了移架速度。立柱缸径500 mm，支架宽度由原来的1.75 m增加到2.05 m，提高了支架的稳定性。支架工作阻力为16800 kN，支护强度为1.43 MPa，能够安全有效地控制顶板。补连塔煤矿7.0 m大采高综采工作面投产后，每刀可割煤2600 t，较6.3 m大采高综采工作面单刀多产300 t，产量提高13%，每天按18刀计算可多出煤5400 t，月单产达到1400000 t左右，将创造单个综采工作面日产、月产、年产的新纪录。类似条件下，在资源回收方面，较6.3 m大采高综采工作面多采出煤炭1830000 t，回收率提高10%左右。2018年1月，具有我国完全自主知识产权的世界首个8.8 m大采高综采工作面在国家能源集团上湾煤矿安装完毕。2018年3月，该支架投入井下采煤生产。2019年2月，该超大采高智能工作面

产量突破 10.0 Mt。8.8 m 大采高综采工作面的投产，标志着我国又一项科技创新成果达到国际领先水平，对推动煤炭行业开采工艺和装备升级具有开创性意义[111~115]。

在大采高理论研究方面，中国煤矿工程机械装备集团进出口公司赵宏珠教授针对我国大采高综采工作面支架初期使用的情况进行了研究和总结，初步给出了大采高液压支架的阻力计算和支架选型的计算公式以及大采高采场的结构特征[116]。

（1）工作面采高加大对上覆岩层断裂垮落后产生的自由空间影响最大。

（2）随着煤层采高的加大，回采空间围岩应力有升高的趋势。

（3）大采高液压支架合理工作阻力应按岩层自重法确定。

对于坚硬岩层，基本顶来压强烈（Ⅲ），支架合理的工作阻力为

$$P_{硬} = \frac{100M}{1.2M + 2}\gamma Sc \qquad (1-3)$$

对于中硬岩层，基本顶来压明显（Ⅱ），支架合理的工作阻力为：

$$P_{中} = \frac{100M}{1.6M + 3.6}\gamma Sc \qquad (1-4)$$

式中 $P_{硬}$——Ⅲ级基本顶条件下支架合理工作阻力值，kN/架；

$\quad P_{中}$——Ⅱ级基本顶条件下支架合理工作阻力值，kN/架；

$\quad M$——工作面采高，m；

$\quad \gamma$——岩石容重，坚硬岩石取 2.8 t/m³，中硬取 2.6 t/m³；

$\quad S$——液压支架支护面积，m²；

$\quad c$——导水裂隙带修正系数，取 0.5。

（4）在 Ⅱ₂₋₃ 顶板条件下，大采高液压支架立柱布置宜选用两柱掩护式。

（5）工作面采高加大对上覆岩层的断裂和垮落后产生的自

由空间影响较大，特别是当采高达到 6.5 m 时，在工作面的回采过程中，自由空间始终是存在的，这对液压支架受载和工作面围岩控制方面是不利的。

山西晋城煤业集团郝海金博士提出了上覆岩层中"压力壳"的理论，对大采高综采工作面上覆岩层破断位置、破断后岩层的平衡结构等方面进行了研究，结果表明[117,118]：

（1）基本顶岩梁超前断裂后的受力状态、运动状态和支承压力的分布对于采场矿山压力的控制均起着重要的作用。断裂后的基本顶实现回转所需的时间和回转角度的大小与直接顶岩性、损伤程度以及液压支架的工作阻力等方面有关。

（2）大采高综采工作面与综采放顶煤工作面相比，其周期来压的强度、支架载荷、动载系数均有所增大。

（3）基本顶岩块回转形成的给定变形主要与采空区处理方法和开采高度有关，而工作面顶板下沉量是由工作面支架、直接顶和基本顶三者耦合作用的结果，这种作用的结果使直接顶产生了多次损伤。

《中国煤矿采场围岩控制》中采用类比的方法求取了大采高液压支架的合理工作阻力。假如在采高 M_1 较小时测得支架的合理工作阻力为 P_1，在大采高 M_2 条件下所需支架合理工作阻力 P_2，则：

$$P_2 = P_1 \frac{h_2}{h_1} \qquad (1-5)$$

垮落带高度 h 为

$$h = \frac{M - \delta}{k - 1} \qquad (1-6)$$

式中　M——工作面采高；

　　　　δ——裂隙岩梁于触矸处的沉降量；

　　　　k——垮落矸石的碎胀系数。

将式（1-6）代入式（1-5）得

$$P_2 = \frac{P_1(M_2 - \delta_2)(1 - k_1)}{(k_2 - 1)(\delta_1 - M_1)} \qquad (1-7)$$

式中 δ_1——工作面采高为 M_1 时裂隙岩梁于触矸处的沉降量;

δ_2——工作面采高为 M_2 时裂隙岩梁于触矸处的沉降量;

k_1——工作面采高为 M_1 时垮落矸石的碎胀系数;

k_2——工作面采高为 M_2 时垮落矸石的碎胀系数。

考虑到大采高液压支架影响大的是当上位岩层为难垮落顶板的条件。根据该条件下实测资料统计得出支架阻力 P 与顶板下沉量 S 间有下列经验公式:

$$P = \frac{0.1024S}{S - 0.124} \qquad (1-8)$$

将式(1-8)代入式(1-7)得

$$P_2 = \frac{0.10245(M_2 - \delta_2)(1 - k_1)}{(S - 0.124)(k_2 - 1)(\delta_1 - M_1)} \qquad (1-9)$$

当支架支撑力足够,控顶区顶板无离层时,直接顶的下沉量 S 应与基本顶的下沉量相当,则按此式计算可得到液压支架合理的工作阻力,见表1-1。

表1-1 支架合理工作阻力 kN

顶 板	架 型	采高/m		
		3.5	4.5	5.0
坚硬	支撑式	3180	7560	7800
	掩护式	5320	5760	5920
中等稳定	支撑式	4880	5200	5330
	掩护式	3720	3980	4120

太原理工大学弓培林教授运用关键层理论研究了大采高采场上覆岩层结构的特征及运动规律[119],研究结果表明:

(1)上覆岩层的垮落、断裂受关键层的特征、层位及分布等因素的控制,在不同采高时,"三带"的范围应根据关键层的特征予以确定。

(2)断裂带高度受关键层特征的控制,上覆岩层中的厚硬关键层控制着一定采高范围内的断裂带高度,随着采高的增加,这层厚硬关键层就会产生断裂下沉,也必将造成其上覆岩层的大规模运动。

1.2.4.2 国外大采高开采理论及技术研究现状

日本、德国、苏联、波兰、捷克、美国和英国等国从20世纪60年代开始发展大采高综采技术。60年代,日本设计了一种采高为5.0 m并带中间平台的液压支架,荣获了日本国家设计奖。1970年德国使用贝考瑞特垛式支架成功地开采了热罗林矿4.0 m厚的7号煤层。德国生产的大采高液压支架架型包括威斯特伐利亚的BC-25/56型、赫姆夏特G550-22/60型(最大高度6.0 m)、蒂森G320-23/45以及RHS25-50BL型大采高液压支架。苏联采用M120-34/49型掩护式支架、波兰采用PO-MA22/45型两柱掩护式支架、捷克使用F4/4500型支架作为大采高液压支架。1983年美国在怀俄明州卡帮县1号矿采用长壁大采高综采技术开采厚煤层,工作面采高达到4.5~4.7 m,日产量达6200 t,工效达26~360 t/工,实现了高产高效。

目前,国外厚煤层大采高液压支架的最大支撑高度已达7.0 m。国外的生产实践表明,在一些地质和生产技术较好的条件下开采较硬的煤层,大采高综采能够实现高产、高效、高安全、高回收率和高经济效益的"五高"目标,但大采高综采开采缓倾斜厚煤层的经济效益从总体上看还需继续提高。国外专家和学者认为,设备重型化和设备尺寸的加大、煤壁片帮与顶板冒落、支架稳定性、大断面顺槽掘进与支护、工作面运输等都是限制大采高综采技术取得显著经济效益和推广应用的障碍。因此,世界主要产煤国至今仍在积极地改进、完善大采高液压支架,并不断地进行现场实践以提高大采高综采技术的应用范围。

在理论研究方面，苏联曾对大采高采场的围岩运动规律及控制原理做过初步研究，全苏矿山测量科学研究院在实验室对开采厚度分别为 2.0 m、4.0 m、6.0 m 和 8.0 m 的煤层进行相似模拟实验，研究结果表明：

（1）工作面初次来压和周期来压的步距取决于上覆岩层的特性及其结构；

（2）随着煤层开采厚度的增加，顶板坚硬岩层的支点由煤壁边缘转移到了煤体的深部；

（3）随着煤层开采厚度的增加，工作面内顶板下沉量和来压强度均将增大；

（4）在没有基本顶周期来压影响时，工作面的顶板下沉量略微有所增大；

（5）随着煤层开采厚度的增加，上覆岩层周期性折断的岩块很厚，并且离层量较小；

（6）随着煤层开采厚度的增加，岩层垮落带高度增大，垮落岩层的松散系数增加；

（7）随着煤层开采厚度的增加，顶板下沉量增大；

（8）支承压力范围随着开采煤厚的增加而扩大。

上述结论实质上是一些大采高工作面上覆岩层的一般运动规律，对大采高工作面围岩控制方面的问题研究则相对较少。

1.3 需要研究的主要问题

如前所述，虽然大采高综采围岩活动规律和控制的理论和实践研究近年来均取得了很大的进展，但是现有的一些研究多用于强度较大的煤层（如山西大同矿区和晋城矿区的中、南部井田）或韧性较好的煤层（如神东矿区），还不能系统、全面地解释大采高实践中出现的其他问题，特别是在软煤层大采高综采工作面围岩控制理论及技术方面的系统研究更少。

软煤层大采高采场与普通采高采场相比，上覆岩层结构发生了较大的变化，若采用传统的理论、方法研究软煤层大采高采场的围岩控制问题是不符合实际的。目前关于普通采高采场上覆岩层结构的有关理论研究，大多是集中于采场的"小结构"上，对于软煤层大采高而言，应该从采场上覆岩层更大的范围来研究围岩控制问题，以认识软煤层大采高采场上覆岩层中"结构"的问题。目前的研究成果还不能客观、有效地指导软煤层大采高综采开采的实践，因此，需要对软煤层大采高的围岩控制理论做进一步的深入研究。

由于软煤层大采高开采工作面液压支架的支护高度高，同类地质条件下，相对于分层开采、放顶煤开采而言，出现支架—围岩事故的概率可能要加大，再加上大采高液压支架的体积大、质量大，处理事故的难度也会加大。

通过对软煤层大采高支架—围岩控制事故的分析，大采高综采支架—围岩作用关系主要有以下特点：

（1）大采高液压支架的稳定性较差。我国大采高液压支架的稳定性事故率高达6%～10%，远比普通综采严重。由于大采高液压支架的倾倒、歪扭，架与架之间经常出现倒架、咬架、实际支护能力降低等的现象。

（2）工作面煤壁片帮引发端面冒顶的事故增多。工作面煤壁增高后，煤壁片帮的程度、概率均增大，经现场实测，特别是当采高大于 5.5 m 时，片帮就更为严重。由于工作面煤壁的片帮增大了端面距，加上煤层本身较软，顶板漏冒的概率加大，冒下的顶板岩块落入工作面工作空间内，给安全生产带来了极大的不利，同时，加剧了工作面刮板输送机、采煤机等设备的磨损。端面顶板岩体的破坏冒落，容易导致液压支架上部失去约束，加上赵庄煤矿复杂的地质条件，很有可能导致大规模咬架、倒架事故。

影响软煤层底板岩层应力场和损伤破坏特征的主要因素有工作面回采活动、矿井地质构造和底板岩层物理力学特性等。煤层开采后，由于顶底板受到的应力会重新分布，可能会使顶底板岩层产生位移、变形和破坏。研究软煤层大采高综采工作面底板岩层的应力分布规律，对于掌握底板岩层变形及破坏规律特征、预测瓦斯释放层的卸压范围、确定巷道的合理布置位置及工作面超前支护等具有十分重要的意义。

针对软煤层大采高综采工作面在复杂地质条件下，顶板破碎较为严重，容易形成漏、冒顶，漏风严重，上隅角瓦斯易超限等安全隐患，必须对开切眼和撤架通道顶板、两帮的加固技术、软煤层大采高综采工作面超前加固技术、预防片帮、冒顶的安全措施、工作面综合管理安全措施、上隅角防治瓦斯超限措施等方面进行分析研究，以形成一套较为完善的软煤层大采高综采辅助技术，为实现软煤层大采高综采的安全回采提供了可靠的技术保障。

2 软煤层大采高综采工作面矿压显现规律实测研究

2.1 赵庄煤矿3305软煤层大采高综采工作面概况

2.1.1 位置及工作面基本情况

晋城煤业集团赵庄煤矿井田位于沁水煤田东南部，地处山西省晋城市北53 km，行政划归山西省长治县、长子县、高平市三地所辖，区内交通方便，太焦铁路和长晋省级公路纵贯全区，北经长治市、南经高平市可通往全国各地。井田境界北与长治矿区相连，南邻王报井田，东起庄头正断层，西以12、13号点连线为界，南北长约16.65 km，东西宽约14.8 km，井田面积144.1336 km^2。2、3号煤层为可采煤层，可采储量438.77 Mt，其中贫煤274.36 Mt，无烟煤164.41 Mt。矿井初期开采二叠系下统山西组3号煤层。从全区看，煤层赋存稳定，结构复杂，厚度0~6.35 m，平均厚度4.69 m。3305软煤层大采高工作面可采长度1757.86 m，工作面长度219.75 m，面积为386289.74 m^2，煤层厚度为3.5~6.2 m，平均厚度为5.5 m，煤层倾角1°~15°，平均倾角为8°。工业储量2910544.58 t，可采储量2706806.46 t。

3305工作面位于三盘区，三盘区主要进风巷为1105巷和西翼北胶带运输大巷，主要回风巷为1104回风大巷。3305工作面采用"三进一回"通风方式，东南有两条进风巷为32052巷和32054巷；西北有一条进风巷32051巷和一条回风巷32053巷。32051巷联络横川通过风桥与1104回风大巷交叉，并与1105进风大巷相通，32052 巷、32054 巷联络横川通过风桥与 1104 回风大巷交叉，并与 1105 进风大巷、西翼胶带大巷相通；32053 巷利用联络横川与 1104 回风大巷相同，并通过联络横川与 32051 巷相通。工作面布置图如图 2－1 所示。

工作面 32052 巷、32054 巷、32053 巷、32051 巷均是采用留底煤沿顶板进行掘进，32052 巷为运煤、进风巷；32051 巷和 32054 巷为运料、进风巷；32053 巷为回风巷。

2.1.2 地质及水文情况

2.1.2.1 盖山厚度

工作面地面标高：965.9～1087.9 m，煤层底板标高：454～502 m，工作面盖山厚度为：463.9～633.9 m。

2.1.2.2 煤层特征

3305 软煤层大采高工作面开采的是二叠系下统山西组 3 号煤层，煤层物理性质为黑色，亮煤为主，夹煤镜条带，玻璃光泽。煤层从上往下物理力学性质为松软—较硬—松软，整体表现为质软，疏松。宏观煤岩类型以半亮—光亮型煤为主，局部可见半暗型，宏观煤岩组分以亮煤为主，少量的暗煤或镜煤。煤层主要为线理状、条带状、层状结构，有时可见均一状结构，块状结构。3 号煤的容重 1.39 t/m³。

2.1.2.3 工作面巷道掘进过程中揭露地质构造情况

工作面巷道掘进过程中揭露断层 28 个，均表现为正断层：

（1）32051 巷里程 150.6 m 处揭露一正断层 f_{81}，产状 336°∠47°，$H=1.2$ m；

（2）32051 巷里程 187.1 m 处揭露一正断层 f_{83}，产状 201°∠54°，$H=1.1$ m；

（3）32051 巷里程 240.6 m 处揭露一正断层 f_{84}，产状 26°∠48°，$H=1.5$ m；

（4）32052 巷里程 246 m 处揭露一正断层 f_{85}，产状 173°

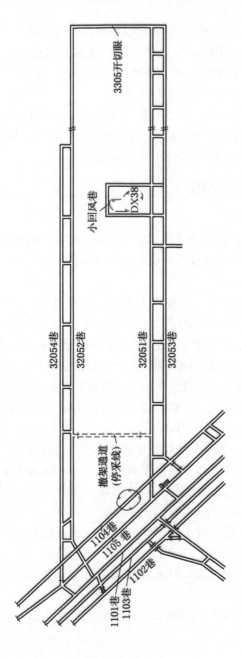

图 2 - 1　3305 工作面布置图

∠30°，$H = 1.6$ m；

（5）32052 巷里程 268 m 处揭露一正断层 f_{87}，产状 160° ∠37°，$H = 2.2$ m；

（6）32052 巷里程 289 m 处揭露一正断层 f_{79}，产状 183° ∠52°，$H = 1.5$ m；

（7）32052 巷里程 302.5 m 处揭露一正断层 f_{82}，产状 18° ∠57°，$H = 2.6$ m；

（8）32052 巷里程 330 m 处揭露一正断层 f_{90}，产状 245° ∠47°，$H = 1.8$ m；

（9）32051 巷里程 415.6 m 处揭露一正断层 f_{93}，产状 341° ∠34°，$H = 3$ m；

（10）32052 巷里程 602.5 m 处揭露一正断层 f_{89}，产状 356° ∠42°，$H = 3.6$ m；

（11）32052 巷里程 635 m 处揭露一正断层 f_{92}，产状 360° ∠15°，$H = 1.4$ m；

（12）32052 巷里程 647 m 处揭露一正断层 f_{100}，产状 235° ∠35°，$H = 0.5$ m；

（13）32052 巷里程 942 m 处揭露一正断层 f_{108}，产状 197° ∠45°，$H = 1.1$ m；

（14）32052 巷里程 1490.53 m 处揭露一正断层 f_{118}，产状 125° ∠45°，$H = 1.7$ m；

（15）32051 巷里程 1184 m 处揭露一正断层 f_{119}，产状 30° ∠40°，$H = 0.8$ m；

（16）32051 巷里程 1192 m 处揭露一正断层 f_{162}，产状 43° ∠56°，$H = 1.0$ m；

（17）32051 巷里程 1195 m 处揭露一正断层 f_{163}，产状 46° ∠63°，$H = 1.2$ m；

（18）32051 巷里程 1320 m 处揭露一正断层 f_{120}，产状 352° ∠67°，$H = 2.5$ m；

（19）32051 巷里程 1335 m 处揭露一正断层 f_{121}，产状 10°∠40°，$H = 1.9$ m；

（20）32051 巷里程 1342 m 处揭露一正断层 f_{123}，产状 348°∠56°，$H = 0.9$ m；

（21）32051 巷里程 1347 m 处揭露一正断层 f_{124}，产状 359°∠55°，$H = 1.9$ m；

（22）32052 巷里程 1543.1 m 处揭露一正断层 f_{126}，产状 331°∠50°，$H = 3.0$ m；

（23）32052 巷里程 1579.7 m 处揭露一正断层 f_{128}，产状 0°∠55°，$H = 4.6$ m；

（24）32051 巷里程 1525.6 m 处揭露一正断层 f_{129}，产状 341°∠60°，$H = 0.8$ m；

（25）32051 巷里程 1535.6 m 处揭露一正断层 f_{130}，产状 358°∠44°，$H = 0.6$ m；

（26）32051 巷里程 1799.1 m 处揭露一正断层 f_{135}，产状 354°∠45°，$H = 3.5$ m；

（27）32052 巷里程 1730 m 处揭露一正断层 f_{153}，产状 203°∠85°，$H = 1.0$ m；

（28）32052 巷里程 1952.7 m 处揭露一正断层 f_{161}，产状 9°∠56°，$H = 3.1$ m。

f_{121} 断层如图 2 - 2 所示。

揭露陷落柱情况：3305 工作面自开切眼回采至 952 m 处时有一陷落柱 DX_{38}，EW 向长 96 m，NS 向长 47 m。

三维勘探资料：3305 工作面内撤架通道往南 745 m 处发育有一陷落柱 DX_{38}，长轴 165 m，短轴 57 m。根据钻探和坑透结果以及揭露其他陷落柱情况分析 DX_{38} 陷落柱向西偏移 8 m，长轴 95 m，短轴 50 m。

揭露煤层及顶板裂隙情况：煤层节理总体较为发育，主要两个方向，走向分别为 45°~60°、135°~150°，以 45°~60°方向节

图 2-2 f_{121} 断层图

理密度大，节理面平直，裂隙紧密无充填，其他方向节理延伸短，节理面不够平直，发育密度及规范性不强。

2.1.2.4 水文地质情况

3305 工作面水文地质条件相对简单，3 号煤层涌水来源主要是煤层顶板砂岩裂隙水，由于煤层顶板砂岩水赋存不均一，巷道掘进过程中均表现出不同程度、不同地段淋水，淋水点以锚索（杆）孔、顶板裂隙为主，集中出水点较少，集中出水点最大出水量实测达 $2 \sim 3$ m³/h。大部分地段顶板淋水随着巷道的向前掘进逐渐疏干，少部分地段顶板淋水疏干时间较长。四条巷道掘进过程中总的正常涌水量达 $15 \sim 18$ m³/h。

3305 软煤层大采高工作面为三盘区的首采工作面，四周未掘进及回采，顶板水未疏放，因此，结合该工作面巷道在掘进过程中的实际淋水情况，开采 3 号煤层涌水源主要是来自煤层顶板砂岩裂隙水及 k_8、k_9 含水层的水。该工作面的正常涌水量为 $45 \sim 75$ m³/h；随着工作面向前推进，顶板垮落沟通上覆其他含水层 k_8、k_9，最大涌水量 105 m³/h。

2.1.3 采煤方法

3305 软煤层大采高工作面采用倾斜长壁大采高自然冒落后退式综合机械化采煤法。

采煤工艺：割煤→拉架→移溜。

工作面采用德国艾柯夫公司生产的 SL500 电牵引采煤机，采用双向往返割煤法，即采煤机往返一次为两个循环。

进刀方式：采用端部斜切割三角煤进刀。

2.1.4 工作面支架的布置方式及支架参数

2.1.4.1 工作面支架的布置方式

根据工作面顶、底板岩性及 3 号煤层厚度、采高等条件，3305 软煤层大采高工作面选用郑州煤机公司生产的两柱掩护式液压支架及北京煤机公司生产的与中间架相配套的端头液压支架和过渡液压支架。从工作面机头到机尾分别布置端头架 4 架，过渡液压支架 4 架，中间架 114 架，过渡架 3 架，端头架 4 架，共计 129 架。

2.1.4.2 支架参数

支架型号：ZY12000/28/62D。

支架形式：两柱掩护式。

立柱内径：474 mm/400 mm。

支架最大长度：7.80 m。

支架中心距：1.75 m。

梁端距：≤0.607 m。

支护强度：1.36~1.40 MPa。

支护面积：9.32 m²。

泵站压力：31.5 MPa。

质量：32.5 t。

最大控顶距：5.902 m。

最小控顶距：5.037 m。

工作阻力：12000 kN。

初撑力：7916 kN。

支架拉架步距：0.865 m。

对底板比压（前端值）：2.56~2.82 MPa。

操作方式：双向邻架操作。

2.2　3 号煤层及其顶、底板岩石物理力学性质试验

2.2.1　试验内容

赵庄煤矿 3 号煤层及顶、底板各岩层岩石试样的单轴抗压强度（天然、饱和）、抗拉强度、抗切强度、内聚力和内摩擦角、弹性模量、泊松比、吸水率以及视密度。

2.2.2　试验方法

所采集的煤岩样均按照标准《煤和岩石物理力学性质测定方法》执行；煤岩样规格和加工精度均按此标准中第 7 部分：单轴抗压强度测定及软化系数计算方法（GB/T 23561.7—2009）的有关规定执行；试验力学测定按《煤和岩石物理力学性质测定方法　第 1 部分：采样一般规定》（GB 23561.1—2009）的规定执行。

2.2.3　取样

赵庄煤矿 3 号煤层煤样采用掏撬法从 3305 工作面煤壁中直接选取，按不同空间位置从煤层底板起每隔 1.0 m 取一组，共取煤样 6 组。

岩芯试验样本取自 3 号煤层 3305 工作面 32051 辅运顺槽内。顶、底板岩层岩样采用钻孔取芯法选取，取岩芯时现场计算顶底

板各岩层的 RQD 值，同时根据井下巷道内顶底板钻孔钻取岩芯绘制钻孔柱状图。

1 号钻孔位于 32051 巷与 9 号横川交汇点向停采线方向 7 m 处，其中顶板钻孔取芯深度为 25.0 m，底板钻孔取芯深度为 5.4 m；2 号钻孔位于 32051 巷与 1 号横川交汇点距 1105 巷方向 30 m 处，其中顶板钻孔取芯深度为 26.3 m，底板钻孔取芯深度为 4.7 m。1、2 号钻孔位置分别如图 2-3、图 2-4 所示。

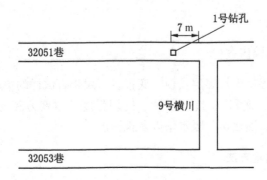

图 2-3　1 号钻孔位置

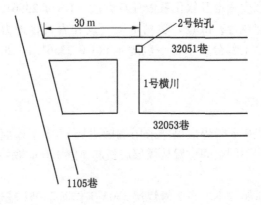

图 2-4　2 号钻孔位置

2.2.4　试验设备

试验设备主要包括：磨石机，钻芯机，切割机，WE – 300 型液压材料试验机和 WE – 100 型液压万能试验机等。

2.2.5　试验测试

本次试验主要采用液压材料试验机测试试件的天然、饱和抗压强度、抗切、抗拉、抗剪强度、弹性模量、泊松比、密度等。具体测试及计算方法如下：

（1）密度。岩石密度是指单位体积岩石的重量，主要测试方法有：称重法和蜡封法。本次采用蜡封法。其计算方法如下：

$$d_g = \frac{g}{\dfrac{g_1 - g_2}{d_s} - \dfrac{g_1 - g}{g_n}} \qquad (2-1)$$

式中　d_g——岩石的干密度，g/cm^3；

　　　g——试件干重，g；

　　　g_1——蜡封试件在空气中的质量，g；

　　　g_2——蜡封试件在水中的质量，g；

　　　d_s——水的密度（$1 \ g/cm^3$）；

　　　g_n——石蜡密度（$0.9 \ g/cm^3$）。

（2）抗压强度。本试验采用 WE – 300 型液压材料试验机测定抗压破坏载荷 P，计算公式如下：

$$R = \frac{P}{F} \times 10 \qquad (2-2)$$

式中　R——试件的抗压强度，MPa；

　　　P——试件破坏载荷，kN；

　　　F——试件初始截面积，cm^2。

（3）抗拉强度。采用巴西劈裂法测定试件抗拉破坏载荷 P，采用材料试验机测定。

$$R_1 = \frac{2P}{\pi DL} \times 10 \qquad (2-3)$$

式中　R_1——试件的抗拉强度，MPa；

　　　P——试件破坏载荷，kN；

　　　D——试件直径，cm；

　　　L——试件厚度，cm。

（4）内聚力和内摩擦角。采用材料试验机和变角剪切夹具测定。计算方法如下：

$$\sigma = \frac{10P\cos\alpha}{F} \qquad (2-4)$$

$$\tau = \frac{10P\sin\alpha}{F} \qquad (2-5)$$

式中　P——试件剪断破坏载荷，kN；

　　　F——试件剪切面面积，cm^2；

　　　α——试件与水平面的夹角。

2.2.6　试验结果

根据现场取芯和实验室物理力学试验，对赵庄煤矿 3305 软煤层大采高工作面煤层及其顶、底板岩石岩性分析评价如下：

（1）3 号煤呈黑色，条痕黑色，金属光泽。试验煤样抗压强度平均为 10.3 MPa，软化系数平均为 0.55，抗拉强度平均为 0.10 MPa，抗压强度与抗拉强度的比值平均为 103，明显脆性，弹性模量平均为 2.97 GPa，泊松比平均为 0.32，内摩擦角平均为 35°26′，内聚力平均为 2.05 MPa。

通过现场观测取样及煤样加工和试验过程中可以明显看出，3 号煤层属软弱煤层，煤层节理裂隙发育，煤层不同空间层位强度变化趋势为：顶部和下部煤相对较软，中上部强度略大。

（2）3 号煤层顶板岩层结构复杂，随 3305 工作面的推进，通过对垮落顶板的全程现场观测，结合实验室煤岩层物理力学参数试验，得出顶板主要由炭质泥岩、砂质泥岩及砂岩组成，局部含煤线。泥岩层层理发育、破碎，岩石强度较弱，砂岩层裂隙发育。其中：

① 顶板炭质泥岩层，平均 RQD 指标为 41.5%。试验岩样平均抗压强度为 14.0 MPa，平均抗拉强度为 2.97 MPa，平均弹性模量为 8.67 GPa，泊松比为 0.23，平均内摩擦角为 18°41′，平均内聚力为 3.07 MPa；

② 顶板砂质泥岩层，平均 RQD 指标为 49.2%。试验岩样平均抗压强度为 23.2 MPa，平均抗拉强度为 2.20 MPa，平均弹性模量为 9.78 GPa，泊松比为 0.30，平均内摩擦角为 35°24′，平均内聚力为 11.07 MPa；

③ 顶板砂岩岩层，平均 RQD 指标为 51.2%。试验岩样平均抗压强度为 43.6 MPa，平均抗拉强度为 3.85 MPa，平均弹性模量为 26.6 GPa，泊松比为 0.275，平均内摩擦角为 28°，平均内聚力为 16.8 MPa。

（3）3 号煤层底板以砂质泥岩为主，层理发育，破碎严重，平均 RQD 指标为 32%。试验岩样平均抗压强度为 10.8 MPa，平均抗拉强度为 0.73 MPa，平均弹性模量为 10.7 GPa，泊松比为 0.265，平均内摩擦角为 23°54′，平均内聚力为 4.12 MPa。

结合《赵庄煤矿地质报告》中 3 号煤层综合柱状图以及 32051、32052 等顺槽实际揭露的 3 号煤层厚度情况，3 号煤层厚度从工作面开切眼向停采线方向逐渐变薄，开切眼处煤层厚度为 6.2 m 左右，而到停采线附近处的煤层厚度仅为 3.7 m 左右。1 号钻孔和 2 号钻孔附近现场实测的煤层厚度分别为 4.3 m 和 3.6 m。通过 1 号钻孔和 2 号钻孔取芯和实验室煤岩层物理力学参数实验，得出的 3 号煤层及其顶、底板岩层物理力学综合柱状图如图 2-5、图 2-6 所示。由于赵庄煤矿地质条件复杂，3 号煤层顶板岩层岩性的变化较大，但是从实际揭露的情况来看，1 号钻孔所揭露的顶板岩层岩性基本上能反映出实际揭露的情况。

软煤层大采高综采采场围岩控制理论及技术研究

3305工作面顶、底板岩性综合柱状图

岩性	地层厚度/m 累厚	层厚	柱状	岩石名称及岩性描述	天然抗压强度/MPa	饱和抗压强度/MPa	软化系数	抗拉强度/MPa	抗剪强度/MPa	弹性模量/GPa	泊松比	内摩擦角	内聚力/MPa	吸水率/%	视密度/(kg·m⁻³)	RQD值/%
粉砂岩	24.3	0.7		粉砂岩、灰黑色、半坚硬、节理、垂直裂隙发育	47.2	37.3	0.79	3.14	6.95	27.6	0.21	27°45'	16.9	0.81	2.65	52
砂质泥岩	22.4	1.9		灰色砂质泥岩、中厚层状、水平层理、含植物化石、中部夹细砂条带	21.8	5.6	0.26	2.88	6.11	13.8	0.29	37°35'	6.47	0.81	2.71	48
煤线	22.0	0.4		煤线												0
砂质泥岩	17.6	4.4		深灰色砂质泥岩、中厚层状、平坦状断口、含植物化石	21.8	5.6	0.26	2.88	6.11	13.8	0.29	37°35'	6.47	0.81	2.71	33.6
煤线	17.0	0.6		煤线												0
砂质泥岩	13.3	3.7		砂质泥岩、灰黑色、半坚硬、层理发育	21.8	5.6	0.26	2.88	6.11	13.8	0.29	37°35'	6.47	0.81	2.71	42
炭质泥岩	12.8	0.5		黑色炭质泥岩、松软、层理发育												0
粉砂岩	9.4	3.4		灰黑色粉砂岩、破碎、纵向裂隙发育、半坚硬、含大量白云母碎片	47.2	37.2	0.79	3.14	6.95	27.6	0.21	27°45'	16.9	0.81	2.65	53
炭质泥岩	8.4	1.0		黑色裂隙质泥岩、松软、层理发育	14.0	9.1	0.77	2.97	4.10	8.67	0.23	18°41'	3.07	0.60	2.24	42
煤层	7.4	1.0		煤层												0
砂质泥岩	3.8	3.6		砂质泥岩、灰黑色、半坚硬、含植物化石、层理发育、底部裂隙微发育	21.8	5.6	0.26	2.88	6.11	13.8	0.29	37°35'	6.47	0.81	2.71	36
炭质泥岩	0	3.8		深灰黑色炭质泥岩、薄层状、含丰富的植物茎化石、局部含煤线、平坦状断口、局部地段发育	14.0	9.1	0.55	2.97	4.10	8.67	0.23	18°41'	3.07	0.60	2.24	41
煤层		4.3		3号煤、泥煤为主、夹煤镜条带、玻璃光泽、中部有一层夹矸为含炭泥岩	10.3	5.46		0.1	0.4	2.97	0.32	35°26'	2.05	2.42	1.39	
泥岩	0	0.4		灰色泥岩、层理发育、较松软												0
砂质泥岩	5.4	5.0		灰黑色砂质泥岩、水平层理发育、较松软、其中4.2～4.5 m处相变为砂质泥岩、软砂质泥岩呈	10.4	8.8	0.85	1.81	3.16	11.6	0.27	24°42'	4.15	1.12	2.26	33

图 2-5 3305工作面煤岩综合柱状图（一）

图 2-6 3305 工作面煤岩综合柱状图（二）

3305工作面顶、底板岩性综合柱状图

岩性	累厚	层厚	柱状	岩石名称及岩性描述	天然抗压强度/MPa	饱和抗压强度/MPa	软化系数	抗拉强度/MPa	抗剪强度/MPa	弹性模量/GPa	泊松比	内摩擦角	内聚力/MPa	吸水率/%	视密度/(kg·m⁻³)	RQD值/%
粉砂岩	24.2	2.3		粉砂岩，灰黑色，半坚硬，节理发育，垂直裂隙发育	40.0	38.0	0.9	4.56	10.72	25.6	0.34	28°35′	16.6	0.73	2.69	56
煤线	23.7	0.4		煤线												0
砂质泥岩	19.1	4.6		砂质泥岩，灰黑色，半坚硬，底部节理发育，含植物化石，上部较完整	24.6	16.4	0.55	1.51	7.83	13.1	0.31	33°11′	11.07	1.45	2.65	54
泥岩	17.8	0.3		灰黑色泥岩，层理节育，半坚硬，含植物化石												0
砂质泥岩	16.6	1.2		灰黑色砂质泥岩，含植物化石，层理发育，分层明显	24.6	16.4	0.55	1.51	7.83	13.1	0.31	33°11′	11.07	1.45	2.65	46
泥岩	15.5	1.1		灰黑色泥岩，层理发育，含植物化石												0
砂质泥岩	12.95	2.55		砂质泥岩，灰黑色，半坚硬，中厚层状，含植物化石	24.6	16.4	0.55	1.51	7.83	13.1	0.31	33°11′	11.07	1.45	2.65	52
粉砂岩	8.5	4.45		粉砂岩，灰黑色，夹泥质条带，含大量云母碎片及泥质碎石	40.0	38.0	0.9	4.56	10.72	25.6	0.34	28°35′	16.6	0.73	2.69	44
泥岩	8.1	0.4		灰黑色泥岩，层理发育，含植物化石												0
粉砂岩	0	8.1		粉砂岩，灰黑色，破碎，含大量云母碎片，上部有一层光滑，软坚硬，中部含泥岩夹层	40.0	38.0	0.9	4.56	10.72	25.6	0.34	28°35′	16.6	0.73	2.69	45.5
煤层		3.6		3号煤，黑色，层理发育，亮煤为主，夹煤镜条带，玻璃光泽，中部有一层夹矸为含炭泥岩	10.3	5.46	0.55	0.1	0.4	2.97	0.32	35°26′	2.05	2.42	1.39	
泥岩	0	0.3		泥岩												0
砂质泥岩	3.0	2.7		灰黑色砂质泥岩，含方解石细脉，下部裂隙发育，较松软	11.2	7.4	0.66	1.68	3.43	9.7	0.26	23°06′	4.08	1.48	2.53	32

2.3 3305软煤层大采高综采工作面矿压观测方法

2.3.1 工作面液压支架支护阻力观测

2.3.1.1 观测仪器及其布置

在整个3305工作面从机头到机尾划分5个测区，共13条测线，如图2-7所示。机头4、5号架，工作面中间30、31、32、66、67、68、95、96、97号架，机尾126、127号架。在以上各支架上分别安装尤洛卡综采支架压力监测仪，同时以支架压力表、EEP等设备辅助配合监测支架工作阻力变化情况。

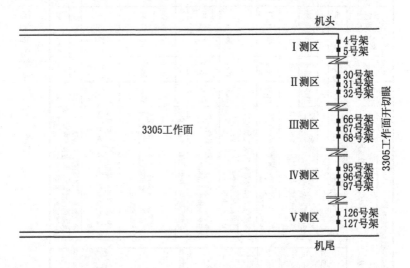

图2-7 3305工作面支架支护阻力测区布置图

2.3.1.2 观测次数

每天收集两次数据，上井后传入计算机，用Microsoft-Excel程序结合尤洛卡软件对数据进行分析，收集到的数据分析界面如图2-8所示。

Fj_num	Year	Mon	Day	Hour	Min	Data1	Data2	立柱面积	左柱阻力Kn	右柱阻力Kn	支架工作阻力	推进度
7	2009	11	1	0	3	8.203125	4.6875	0.12566	1030.805	589.0313	1619.836	3.25
7	2009	11	1	0	8	8.90625	5.15625	0.12566	1030.805	589.0313	1619.836	3.25
7	2009	11	1	0	13	9.140625	5.390625	0.12566	1119.159	647.9344	1767.094	3.25
7	2009	11	1	0	18	9.140625	5.390625	0.12566	1148.611	677.3859	1825.997	3.25
7	2009	11	1	0	23	10.3125	6.09375	0.12566	1148.611	677.3859	1825.997	3.25
7	2009	11	1	0	28	11.01563	6.796875	0.12566	1384.223	854.0953	2238.319	3.25
7	2009	11	1	0	33	12.1875	7.734375	0.12566	1384.223	854.0953	2238.319	3.25
7	2009	11	1	0	38	12.42188	8.203125	0.12566	1531.481	971.9016	2503.383	3.25
7	2009	11	1	0	43	12.89063	8.4375	0.12566	1560.933	1030.805	2591.738	3.25
7	2009	11	1	0	48	11.48438	7.03125	0.12566	1619.836	1060.256	2680.092	3.25
7	2009	11	1	0	53	11.95313	7.734375	0.12566	1502.03	971.9016	2473.931	3.25
7	2009	11	1	0	58	11.95313	9.140625	0.12566	1502.03	971.9016	2473.931	3.25
7	2009	11	1	1	3	12.65625	9.609375	0.12566	1502.03	1148.611	2650.641	3.25
7	2009	11	1	1	8	12.89063	9.84375	0.12566	1590.384	1207.514	2797.898	3.25
7	2009	11	1	1	13	13.35938	10.07813	0.12566	1619.836	1236.966	2856.802	3.25
7	2009	11	1	1	18	13.35938	10.3125	0.12566	1678.739	1295.869	2974.608	3.25
7	2009	11	1	1	23	13.59375	10.3125	0.12566	1678.739	1295.869	2974.608	3.25
7	2009	11	1	1	28	13.82813	10.54688	0.12566	1678.739	1295.869	3004.059	3.25
7	2009	11	1	1	33	14.0625	10.78125	0.12566	1737.642	1325.32	3062.963	3.25
7	2009	11	1	1	38	14.29688	10.78125	0.12566	1767.094	1354.772	3121.866	3.25
7	2009	11	1	1	43	14.29688	10.78125	0.12566	1796.545	1354.772	3151.317	3.25

图 2-8　尤洛卡数据分析界面

2.3.2　工作面宏观观测

主要在无工序影响时进行观测，每班观测一次。观测内容包括端面距、顶板垮落高度、工作面煤壁片帮情况（包括工作面煤壁片帮塌落的最大深度、宽度、长度、位置等）、顶板台阶下沉、采空区悬顶、液压支架安全阀开启、支柱破损情况等。

2.4　3305 软煤层大采高综采工作面矿山压力观测结果

2.4.1　3305 软煤层大采高综采工作面矿山压力观测分析

3305 软煤层大采高综采工作面于 2008 年 12 月 4 日开始回采，观测从工作面推进开始（KBJ-60-Ⅲ型综采压力记录仪观测从 12 月 4 日开始记录），数据统计到 2009 年 6 月 28 日，工作面机头推进 376.9 m，机尾推进 360.35 m，平均推进 368.625 m。

2.4.1.1 判据准则的确定

（1）顶板来压步距判定。以观测循环(N)至开切眼距离(L)为横坐标，以各循环实测工作阻力 p 为纵坐标，绘出支护阻力沿工作面推进方向的分布曲线。

以实测阻力平均值($\bar{p}$)加其一至二倍均方差(σ_p)作为顶板来压的判据(p')，并以实测曲线中支架阻力大于 p' 为主，确定顶板的来压性质、位置和顺序。即：

基本顶来压的判别准则：

$$p' = \bar{p} + (1-2)\sigma_p \qquad (2-6)$$

判据 1：$p' = \bar{p} + \sigma_p$；

判据 2：$p' = \bar{p} + 2\sigma_p$。

式中　p'——判定顶板来压的工作阻力；

　　　$\bar{p}$——观测期间全部支架支护阻力时间加权平均值；

　　　σ_p——支护阻力均方差。

（2）顶板来压强度判定。以动载系数(K)作为衡量基本顶来压强度的指标。动载系数是指历次来压时和来压前支护阻力平均值的比值，动载系数反映了基本顶来压的强弱，动载系数可表示为

$$K = \frac{p_c}{p_n} \qquad (2-7)$$

式中　p_c——顶板来压时支护阻力平均值；

　　　p_n——顶板非来压期间支护阻力平均值。

2.4.1.2 支架工作阻力随工作面推进距离变化关系

通过现场观测和对 3305 软煤层大采高综采工作面液压支架工作阻力随工作面推进距离关系曲线（如机头 4 号支架、中间 32、66、97 号支架和机尾 126 号支架分别如图 2-9～图 2-13 所示）的分析，得出直接顶初次垮落情况和基本顶初次来压及 5 次周期来压的情况分别见表 2-1～表 2-7。

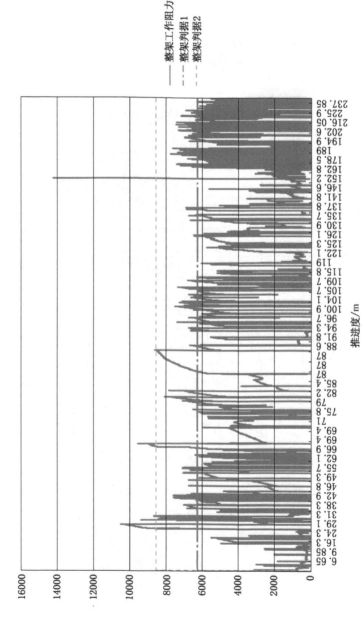

图 2-9 4 号支架工作阻力分布曲线

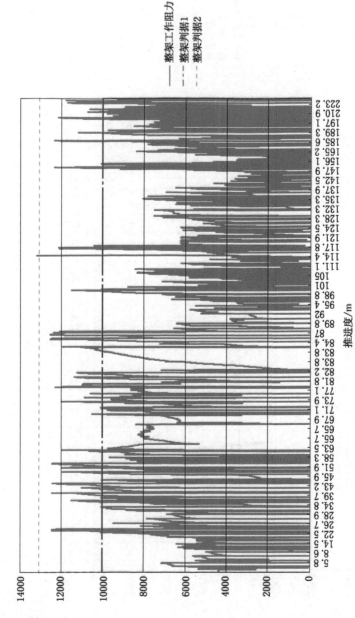

图 2 - 10   32 号支架工作阻力分布曲线

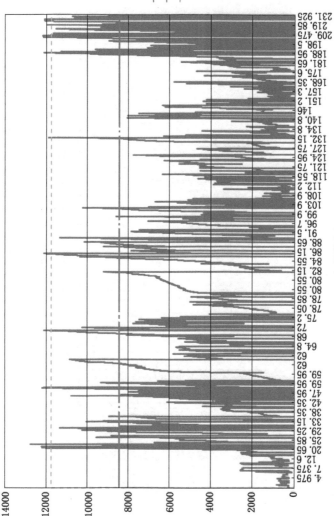

图 2 – 11　66 号支架工作阻力分布曲线

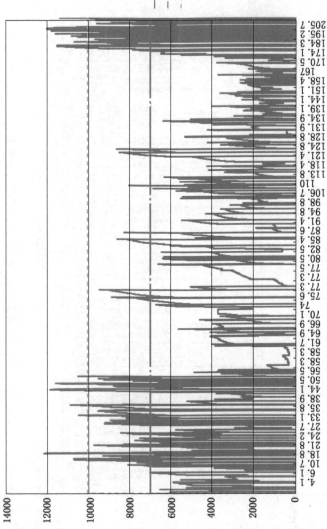

图 2-12　97 号支架工作阻力分布曲线

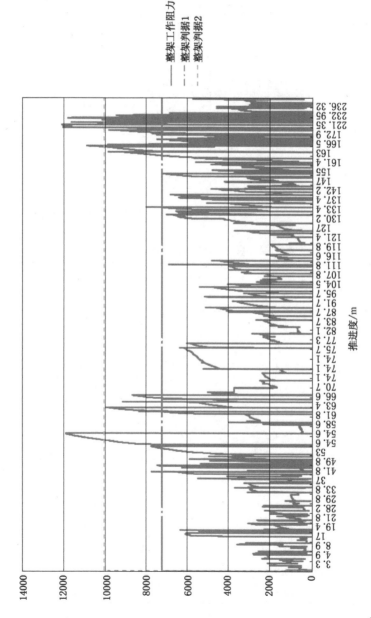

图 2 - 13　126 号支架工作阻力分布曲线

表2-1　直接顶初次垮落情况

架　号	垮落步距/m	架　号	垮落步距/m
4	6.65	68	5.3
5	5.7	95	5.5
30	5.9	96	6.1
31	5.8	97	6.2
32	5.8	126	5.8
66	5.97	127	7.2
67	6.3		

表2-2　基本顶初次来压情况

来压性质	架号	来压步距/m	平均来压步距/m	持续时间/d	动载系数 K_t	平均
基本顶初次来压	4	29.1		2	1.11	
	5	31.8		2	1.75	
	30	28.4		2	1.92	
	31	29		3	1.37	
	32	27.6		2	1.59	
	66	25.4		2	2.31	
	67	27.8	25.4	2	1.83	1.94
	68	27.2		2	2.06	
	95	22.1		2	2.44	
	96	22.9		2	2.61	
	97	20.3		2	2.57	
	126	18.9		1	1.83	
	127	19.5		1	1.86	

表2-3 基本顶第一次周期来压情况

来压性质	架号	来压步距/m	平均来压步距/m	持续时间/d	动载系数 K_t	平均
基本顶第一次周期来压	4	8.9		1	1.25	
	5	5.4		1	1.37	
	30	15.3		2	1.94	
	31	13.65		2	1.03	
	32	11.3		1	1.30	
	66	16.5		1	1.35	
	67	11.3	10.77	2	1.70	1.71
	68	16.5		1	1.91	
	95	10.6		2	2.39	
	96	5.9		2	2.04	
	97	10.6		2	2.49	
	126	7		1	1.78	
	127	7		1	1.76	

表2-4 基本顶第二次周期来压情况

来压性质	架号	来压步距/m	平均来压步距/m	持续时间/d	动载系数 K_t	平均
基本顶第二次周期来压	4	10		2	1.27	
	5	16.7		1	1.27	
	30	8.4		1	1.42	
	31	10.05		1	1.56	
	32	16.4		1	1.63	
	66	20		2	2.11	
	67	14.8	11.85	1	1.72	1.78
	68	10.8		1	2.08	
	95	9.9		1	2.18	
	96	6.6		1	1.86	
	97	8.25		2	2.38	
	126	11.1		1	1.86	
	127	11.1		1	1.76	

表2-5 基本顶第三次周期来压情况

来压性质	架号	来压步距/m	平均来压步距/m	持续时间/d	动载系数 K_t	平均
基本顶第三次周期来压	4	15.2		2	1.77	
	5	12		1	1.67	
	30	10		2	1.50	
	31	10		1	1.60	
	32	10		2	1.62	
	66	6.05		1	1.74	
	67	9.2	9.21	1	1.81	1.85
	68	6.4		2	2.05	
	95	13.2		1	1.42	
	96	8		1	2.39	
	97	8.45		1	2.59	
	126	5.6		2	1.97	
	127	5.6		2	1.91	

表2-6 基本顶第四次周期来压情况

来压性质	架号	来压步距/m	平均来压步距/m	持续时间/d	动载系数 K_t	平均
基本顶第四次周期来压	4	15.25		2	1.40	
	5	15.25		2	1.37	
	30	9.65		1	1.84	
	31	4.85		2	1.48	
	32	4.85		2	1.63	
	66	7.2		1	1.59	
	67	13.25	11.30	2	1.77	1.65
	68	16.05		1	2.0	
	95	7.65		1	2.41	
	96	13.2		1	1.67	
	97	9.2		2	2.49	
	126	15.25		1	1.88	
	127	15.25		1	1.95	

表2-7　基本顶第五次周期来压情况

来压性质	架号	来压步距/ m	平均来压步距/ m	持续时间/ d	动载系数	
					K_t	平均
基本顶第五次周期来压	4	5.35		1	1.85	
	5	5.35		2	1.77	
	30	9.25		2	1.57	
	31	8.8		2	1.88	
	32	13.25		2	1.63	
	66	7.65		1	1.87	
	67	10.55	9.36	1	1.44	1.66
	68	10.15		1	1.83	
	95	11.6		2	1.32	
	96	13.65		2	1.19	
	97	10.85		2	1.08	
	126	8.8		1	1.83	
	127	6.4		1	2.13	

2.4.2　液压支架工作阻力分析

工作面采用 ZY12000/28/62D 型液压支架，额定工作阻力12000 kN，设计初撑力7916 kN。实测工作面各测线支架阻力数据统计见表2-8。

实测工作面液压支架平均初撑力2211.133 kN，为额定初撑力的27.9%；实测工作阻力平均值为4947.55 kN，为额定工作阻力12000 kN 的41.2%；其中最大工作阻力14961.39 kN，为额定工作阻力的124.7%；最小工作阻力117.8 kN，为额定工作阻力的0.98%。工作阻力分布在 0~5000 kN 范围的，占统计循环数的52.2%；分布在 5000~8500 kN 范围的，占统计循环数的33.94%，超出额定工作阻力的占统计循环数的2.07%。总体上，液压支架的工作阻力较小。

表2-8 工作面支架阻力频率分布表

区间/kN	4号架/%	5号架/%	30号架/%	31号架/%	32号架/%	65号架/%	66号架/%	67号架/%	95号架/%	96号架/%	97号架/%	126号架/%	127号架/%	全工作面/%
0~500	7.47	5.04	1.48	4.68	0.57	1.96	3.26	3.46	2.35	7.08	4.74	2.71	5.37	3.79
500~1000	9.81	9.97	1.91	4.59	1.96	2.26	6.55	3.91	6.49	9.33	9.71	7.96	7.09	6.18
1000~1500	4.09	5.46	2.52	3.95	1.89	3.12	5.81	5.22	6.18	10.96	9.11	6.51	10.82	5.73
1500~2000	3.76	4.11	2.76	3.54	2.27	3.42	6.47	5.48	7.08	9.75	8.11	8.44	13.34	5.97
2000~2500	3.88	3.49	2.82	4.66	2.59	3.16	5.28	4.60	5.93	6.85	8.58	6.77	8.07	5.09
2500~3000	5.21	4.65	2.82	4.10	3.03	3.41	4.57	5.55	4.95	5.47	7.36	5.78	6.40	4.84
3000~3500	7.75	5.23	3.02	5.20	2.37	3.77	5.05	6.63	4.88	5.53	6.04	5.82	6.13	5.15
3500~4000	5.82	5.72	6.62	3.99	2.90	5.88	4.69	6.79	4.12	4.76	6.12	5.67	5.97	5.29
4000~4500	6.48	7.73	2.60	3.84	3.26	4.97	4.54	9.01	4.26	3.57	4.44	3.96	5.47	4.93
4500~5000	7.23	8.79	3.49	4.22	4.02	4.95	4.12	9.41	4.44	3.69	3.40	4.41	5.82	5.23
5000~5500	9.15	8.77	4.15	5.81	4.46	4.42	4.58	9.60	5.27	2.59	3.69	5.38	6.03	5.69
5500~6000	9.63	8.09	3.79	8.44	4.76	5.26	4.86	9.05	5.67	3.15	3.39	5.88	4.82	5.91
6000~6500	8.75	8.45	4.36	8.72	6.29	5.17	5.24	5.71	5.05	4.38	3.41	5.35	3.72	5.73
6500~7000	5.94	7.29	5.62	8.11	6.41	5.46	4.82	3.38	4.47	3.28	3.18	5.12	2.83	5.08
7000~7500	3.91	3.29	6.63	7.48	6.81	5.65	4.59	1.98	4.48	2.87	2.84	4.50	2.89	4.47

表 2-8（续）

区间/kN	4号架/%	5号架/%	30号架/%	31号架/%	32号架/%	65号架/%	66号架/%	67号架/%	95号架/%	96号架/%	97号架/%	126号架/%	127号架/%	全工作面/%
7500~8000	2.06	1.52	6.67	6.60	7.43	5.11	4.47	1.71	3.83	2.77	2.86	3.17	1.35	3.83
8000~8500	1.45	0.52	5.73	5.31	6.67	5.17	3.46	1.57	2.83	2.32	2.57	2.77	1.36	3.23
8500~9000	0.63	0.31	5.14	2.18	5.32	4.10	3.03	1.81	3.02	2.11	1.94	2.68	0.88	2.57
9000~9500	0.23	0.42	4.23	1.45	4.94	3.52	2.60	1.19	2.38	1.84	1.58	2.04	0.60	2.09
9500~10000	0.22	0.57	3.51	1.48	4.28	3.04	1.95	1.10	3.45	1.54	1.30	1.75	0.50	1.91
10000~10500	0.16	0.48	3.45	0.84	3.55	2.40	1.61	0.80	3.16	1.29	1.08	1.14	0.40	1.58
10500~11000	0.00	0.07	3.09	0.54	3.07	6.39	1.37	0.61	2.10	1.15	0.83	1.30	0.13	1.60
11000~11500	0.00	0.02	2.30	0.14	2.85	1.70	1.13	0.48	0.57	0.68	0.73	0.27	0.01	0.85
11500~12000	0.00	0.00	1.81	0.13	2.90	0.00	4.82	0.47	0.26	1.79	2.81	0.54	0.01	1.19
>12000	0.00	0.00	9.49	0.00	5.40	5.71	1.14	0.49	2.76	1.25	0.18	0.10	0.00	2.07
统计数据/个	56641	55484	57202	56937	57749	56663	56628	57582	57214	48627	55786	55264	55803	727580
最大值/kN	14961.39	12752.53	13606.62	11986.79	13371.01	14666.88	12811.43	12458.01	14607.98	13901.14	12251.85	13960.04	11751.17	14961.39
最小值/kN	117.81	117.81	147.26	117.81	147.26	117.81	117.81	117.81	117.81	117.81	117.81	176.71	117.81	117.81
平均值/kN	4034.8	4087.23	6924	5070.04	7038.87	6471.28	5188.01	4457.29	5171.21	4007.01	4037.23	4432.21	3399	4947.552
支护阻力均方差	2324	2305.70	3351.46	2653.08	3065.97	3541.12	3330.03	2448.66	3387.32	2654.97	3052.06	2835.84	2283.90	2864.162

2.4.2.1 实测工作面各测线支架阻力数据统计

(1) 4号支架。4号支架实测工作阻力为双正态分布。实测初撑力2827.35 kN，为额定初撑力7916 kN的35.7%；工作阻力平均值为4034.8 kN，为额定工作阻力12000 kN的33.6%；其中最大工作阻力14961.39 kN，为额定工作阻力的124.7%；最小工作阻力117.8 kN，为额定工作阻力的0.98%。

工作阻力分布在500～1000 kN范围内的，占统计循环数的9.81%；主要分布在4500～7000 kN范围内的，占统计循环数的40.7%，超出额定工作阻力共统计到5次（4号支架共统计数据56641个），约占统计循环数的0%。

总体上，4号支架实测工作阻力较小，仅在基本顶初次来压时达到10543.6 kN。个别实测工作阻力超出额定工作阻力主要是由于上覆岩层突然垮落冲击液压支架，且支架安全阀在瞬时未开启造成。来压时动载系数较大，主要是由于工作面液压支架的平均工作阻力较小，仅为额定工作阻力的33.6%，一旦基本顶岩层失稳，来压强度增大，则动载系数也随之增大。

(2) 5号支架。5号支架实测工作阻力为近似为双正态分布。实测初撑力2503.38 kN，为额定初撑力的31.6%；工作阻力平均值为4087.23 kN，为额定工作阻力12000 kN的34.06%；其中最大工作阻力12752.53 kN，为额定工作阻力的106.27%；最小工作阻力117.81 kN，为额定工作阻力的0.98%。

工作阻力主要分布在2500～7000 kN范围内的，占统计循环数的64.71%，分布在500～1000 kN范围的，占统计循环数的9.97%，超出额定工作阻力的共统计到1次（4号支架共统计数据55484个），约占统计循环数的0%。

总体上看5号支架实测工作阻力也较小，个别实测工作阻力超出额定工作阻力也主要是由于上覆岩层突然垮落冲击液压支架，且支架安全阀在瞬时未开启造成的。来压时动载系数较大，主要是由于工作面液压支架的平均工作阻力较小，仅为额定工作阻力的 34.06%，一旦基本顶岩层失稳，来压强度增大，动载系数也随之增大。

（3）30 号支架。30 号支架实测工作阻力为近似为正态分布。实测初撑力 2415.03 kN，为额定初撑力的 25.2%；工作阻力平均值为 6924 kN，为额定工作阻力的 57.7%；其中最大工作阻力 13606.6 kN，为额定工作阻力的 105.1%；最小 147.3 kN，为额定工作阻力的 1.23%。

工作阻力主要分布在 6000～9500 kN 范围内，占统计循环数的 38.4%，分布在 3500～4000 kN 范围的，占统计循环数的 6.62%，超出额定工作阻力的共统计到 5431 次（30 号支架共统计数据 57202 次），占统计循环数的 9.49%。

30 号支架实测工作阻力较端头支架压力大，在基本顶初次来压至工作面推进 117.9 m 范围内（时间：2008 年 12 月 15 日至 2009 年 2 月 19 日）和 240.6 m 至 366.0 m 范围内（时间：2009 年 5 月 20 日至 6 月 13 日）支架压力较大，实测工作阻力超出额定工作阻力，安全阀有开启现象，说明支架运行状态良好。平均工作阻力为额定工作阻力的 57.7%，来压时动载系数较大，最大达到了 1.94，说明来压强度约为平均工作阻力的 2 倍左右，来压强度大。

（4）31 号支架。31 号支架实测工作阻力近似为正态分布。实测初撑力 2149.96 kN，为额定初撑力的 27.2%；工作阻力平均为 5070.04 kN，为额定工作阻力的 42.25%；其中最大工作阻力 11986.79 kN，为额定工作阻力的 99.89%；最小工作阻力 117.81 kN，为额定工作阻力的 0.98%。

工作阻力主要分布在 5000～8500 kN 范围内，占统计循环数的 50.48%；分布在 0～5000 kN 范围的，占统计循环数的 42.76%；超出额定工作阻力的共统计到 0 次（31 号支架共统计数据 56937 个），占统计循环数的 0%。

实测工作阻力超出额定工作阻力时，安全阀有开启现象，说明支架运行状态良好。平均工作阻力为额定工作阻力的42.25%，较30号支架小。来压时动载系数较大，最大达到了1.88，来压强度大。

（5）32号支架。32号支架实测工作阻力为近似正态分布。实测初撑力2385.58 kN，为额定初撑力的30.1%；工作阻力平均值为7038.87 kN，为额定工作阻力的58.66%；其中最大工作阻力13371.01 kN，为额定工作阻力的111.43%；最小工作阻力147.26 kN，为额定工作阻力的1.23%。

工作阻力主要分布在5000～10000 kN范围内，占统计循环数的57.38%；分布在500～5000 kN范围的，占统计循环数的24.29%；超出额定工作阻力的共统计到3118次（32号支架共统计数据57749个），占统计循环数的5.40%。

32号支架实测工作阻力较端头支架压力大，在基本顶来压期间支架压力较大，实测工作阻力超出额定工作阻力时，安全阀有开启现象，说明支架运行状态良好，动载系数最大为1.63，来压强度较30号和31号液压支架小。

（6）66号支架。66号支架实测工作阻力为近似为正态分布。实测初撑力2179.42 kN，为额定初撑力的27.5%；工作阻力平均值为6471.3 kN，为额定工作阻力的53.9%；其中最大工作阻力14666.9 kN，为额定工作阻力的122.2%；最小工作阻力147.3 kN，为额定工作阻力的1.23%。

工作阻力主要分布在3500～8500 kN范围内，占统计循环数的52.04%；分布在10500～11000 kN范围的，占统计循环数的6.39%；超出额定工作阻力的共统计到3235次（65号支架共统计数据56663次），占统计循环数的5.71%。

66号支架实测工作阻力较端头支架压力大。实测工作阻力超出额定工作阻力均发生在工作面推进360～369 m范围内（工作阻力14666.9 kN），主要是由于在该区域支架推进速度太慢（时间：2009年6月16日至6月28日），但未见安全阀有开启现象，说明该支架运行状态不好，安全阀长时间未能开启。来压时动载系数大，最大达到了2.31，来压强度非常大。

（7）67号支架。67号支架实测工作阻力为非正态分布。实测初撑力2002.71 kN，为额定初撑力的25.3%；工作阻力平均值为5188.01 kN，为额定工作阻力的43.23%；其中最大工作阻力12811.43 kN，为额定工作阻力的106.76%；最小工作阻力117.81 kN，为额定工作阻力的0.98%。

工作阻力主要分布在500～8000 kN范围内，占统计循环数的75.63%；分布在15000～12000 kN范围的，占统计循环数的4.82%；超出额定工作阻力共统计到646次（66号支架共统计数据56628次），占统计循环数的1.14%。

66号支架实测工作阻力较端头支架压力大，在基本顶来压期间和工作面推进较慢时支架压力普遍较大，在此期间实测工作阻力超出额定工作阻力，安全阀能够及时开启，说明支架运行状态良好。来压时动载系数大，最大达到了1.83，来压强度大。

（8）68号支架。68号支架实测工作阻力为近似正态分布。实测初撑力2356.13 kN，为额定初撑力的29.8%；工作阻力平均值为4457.29 kN，为额定工作阻力的37.14%；其中最大工作阻力12458.01 kN，为额定工作阻力的103.82%；最小工作阻力117.81 kN，为额定工作阻力的0.98%。

工作阻力主要分布在2500～6500 kN范围内，占统计循环数的61.74%；分布在0～2500 kN范围的，占统计循环数的22.67%；超出额定工作阻力的共统计到280次（67号支架共统计数据57582次），占统计循环数的0.49%。

68号支架实测工作阻力不大，在20.65～95.1 m和193.2～231.9 m范围内当基本顶来压期间支架压力普遍较大，安全阀能够及时开启，说明支架运行状态良好。在其他范围实测工作阻力普遍偏小，来压明显，来压时动载系数大，最大达到了2.08。

（9）95号支架。95号支架实测工作阻力为近似双正态分布。实测初撑力 2238.32 kN，为额定初撑力的 28.3%；工作阻力平均值为 5171.21 kN，为额定工作阻力的 43.09%；其中最大工作阻力 14607.98 kN，为额定工作阻力的 121.73%；最小工作阻力 117.81 kN，为额定工作阻力的 0.98%。

工作阻力主要分布在 500～8000 kN 范围内，占统计循环数的 77.11%，分布在 8000～11000 kN 范围的，占统计循环数的 19.95%，超出额定工作阻力共统计到 1577 次（95 号支架共统计数据 57214 次），占统计循环数的 2.76%。

95 号支架实测工作阻力较小。实测工作阻力超出额定工作阻力均发生在工作面推进 361～364.7 m 范围内（工作阻力 14666.9 kN），主要是由于在该区域支架推进速度太慢（时间：2009 年 6 月 22—28 日），但未见安全阀有开启现象。说明该支架运行状态不好，安全阀长时间未能开启。来压非常明显，来压时动载系数大，最大达到了 2.44。

（10）96 号支架。96 号支架实测工作阻力近似为负指数分布。实测初撑力 1796.55 kN，为额定初撑力的 22.7%；工作阻力平均值为 4007.01 kN，为额定工作阻力的 33.39%；其中最大工作阻力 13901.14 kN，为额定工作阻力的 115.84%；最小工作阻力 117.81 kN，为额定工作阻力的 0.98%。

工作阻力主要分布在 0～4000 kN 范围内，占统计循环数的 59.73%；分布在 4000～9500 kN 范围的，占统计循环数的 32.56%；超出额定工作阻力的共统计到 610 次（96 号支架共统计数据 48627 次），占统计循环数的 1.25%。

96 号支架实测工作阻力较小。实测工作阻力超出额定工作阻力均发生在工作面推进 181.2～288 m 范围内（时间：2009 年 3 月 10 日至 4 月 10 日），可见该测线在工作面"见方"位置矿山压力显现较为明显。观测表明该支架安全阀能够及时开启，说明支架运行状态良好。来压也非常明显，来压时动载系数大，最大达到了 2.44。

（11）97 号支架。97 号支架实测工作阻力近似为负指数分布。实测初撑力 2238.32 kN，为额定初撑力的 28.3%；工作阻力平均值为 4037.23，为额定工作阻力的 33.64%；其中最大工作阻力 12251.85 kN，为额定工作阻力的 102.10%；最小工作阻力 117.81 kN，为额定工作阻力的 0.98%。

工作阻力主要分布在 0～4500 kN 范围内，占统计循环数的 64.20%；分布在 5000～8000 kN 范围的，占统计循环数的 19.37%；超出额定工作阻力的共统计到 98 次（97 号支架共统计数据 55786 个），占统计循环数的 0.18%。

97 号支架实测工作阻力也较小。实测工作阻力超出额定工作阻力均发生在工作面推进 180.9～279.5 m 的范围内（时间：2009 年 3 月 21 日至 4 月 17 日），可见，该测线在工作面"见方"位置矿山压力显现明显。观测表明，该支架安全阀能够及时开启，说明支架运行状态良好。来压也非常明显，来压时动载系数大，最大达到了 2.59。

（12）126 号支架。126 号支架实测工作阻力为近似为双正态分布。实测初撑力 1914.35 kN，为额定初撑力的 24.2%；工作阻力平均值为 4432.21 kN，为额定工作阻力的 32.94%；其中最大工作阻力 13960.04 kN，为额定工作阻力的 116.33%；最小工作阻力 176.71 kN，为额定工作阻力的 1.47%。

工作阻力主要分布在 500～7500 kN 范围内，占统计循环数的 81.53%；分布在 7500～10000 kN 范围的，占统计循环数的 12.41%；超出额定工作阻力的共统计到 53 次（126 号支架共统计数据 55264 个），占统计循环数的 0.10%。

126 号支架实测工作阻力不大，仅在基本顶初次来压时达到 11957.3 kN，仅有个别实测工作阻力超出额定工作阻力，主要是由于上覆岩层突然垮落冲击液压支架，且支架安全阀在瞬时未开启造成。虽然在工作面端头，其来压也非常明显，来压时动载系数大，最大达到了 1.97。

（13）127 号支架。127 号支架实测工作阻力为近似正态分布。实测初撑力 1737.64 kN，为额定初撑力的 22.0%；工作阻力平均值为 3399 kN，为额定工作阻力的 28.33%；其中最大工作阻力 11751.17 kN，为额定工作阻力的 97.93%；最小工作阻力 117.81 kN，为额定工作阻力的 0.98%。

工作阻力主要分布在 0～5500 kN 范围内，占统计循环数的 80.51%；分布在 5500～7500 kN 范围的，占统计循环数的 14.27%，超出额定工作阻力共统计到 0 次（127 号支架共统计数据 55803 个），占统计循环数的 0%。

127 号支架实测工作阻力不大，未见工作阻力超出额定工作阻力数据。但是来压非常明显，最大值达到了 2.13。

2.4.2.2　实测过主要构造期间各测线支架阻力分析

实测各支架随工作面推进过 f_{161} 断层时工作阻力分别为：4 号架 1060.256 kN；5 号架 3010.899 kN；30 号架 4860.733 kN；31 号架 7660.28 kN；32 号架 3020.677 kN；66 号架 7837.638 kN；67 号架 2866.687 kN；68 号架 4450.396 kN；95 号架 1446.243 kN；96 号架 3028.619 kN；97 号架 6976.555 kN，平均为 4201.726 kN，为平均工作阻力的 84.9%。95～127 号支架随工作面推进过 f_{128} 断层时工作阻力分别为：95 号架 9216.631 kN；96 号架 4352.413 kN；97 号架 2869.635 kN；126 号架 2560.036 kN；127 号架 1829.423 kN，平均为 4165.6276 kN，为平均工作阻力的 84.2%。

通过现场实测，当 3305 软煤层大采高综采工作面通过断层时，工作面煤壁片帮和端面顶板冒、漏的现象比较严重，液压支架的工作阻力普遍比平均工作阻力低，工作面推进速度慢，如工作面推进过 f_{128} 断层时，2009 年 6 月 19 日至 7 月 29 日共 41 d，工作面机头仅仅推进 18.1 m，机尾推进 20.3 m，平均 19.2 m，平均日推进 0.46 m。

工作面支架阻力频率分布见表 2-8。

3　软煤层大采高综采采场顶板岩层结构及运动破坏规律

地下采矿工程活动破坏了原岩的初始应力状态，在采场围岩中引起了应力的重新分布，如果重新分布后的应力升高后达到了围岩的破坏极限，就会引起围岩的变形甚至破坏，因此，地下采矿工程中控制和减轻这种围岩变形破坏是工程结构稳定、安全生产的保证。对长壁工作面采场而言，随着工作面开采活动的进行，在采场周围形成了"支承压力"，工作面煤壁前方的支承压力将使煤体裂隙扩展，对煤体的强度产生了弱化作用，并在工作面煤壁前方一定范围内形成塑性区，塑性区的破坏失稳，会导致工作面煤壁的片帮。采场两侧的侧支承压力则会对护巷煤柱的稳定性产生重要的影响。长壁开采允许采空区顶板垮落，所以，长壁开采中顶板岩层的垮落特征以及由此引起的力学效应是采场围岩控制的基础。

软煤层大采高开采一次采高远大于普通采高开采，上覆岩层的结构和运动破坏规律与普通采高开采相比有很大的不同。尽管软煤层大采高开采与综合机械化放顶煤开采上覆岩层结构和运动破坏规律在宏观上相似，但在采场的"小结构"中其岩层结构和运动破坏规律并不相同。普通采高条件下，采场"小结构"的研究基本能满足软煤层大采高工程的需要；综合机械化放顶煤采煤法则对上覆岩层结构的研究方面更注重"顶煤—直接顶—基本顶"的相互作用关系，对上覆岩层"大结构"的研究方面相对较少。在软煤层大采高条件下，采场上覆岩层中的"小结构"和"大结构"对采场围岩控制机理产生了很大的变化。虽然我国大采高开采实践从 1978 年至今已有 42 年，但是对软煤层大采高上覆岩层结构方面的研究很少，缺少相关理论的指导，阻碍了软煤层大采高综采技术的发展。

就采场顶板结构而言，可以将顶板岩层划分为 3 个部分：一部分是直接顶；一部分是基本顶；另一部分是弯曲下沉带。

3.1 软煤层大采高综采采场上覆岩层中基本顶岩层的平衡结构

3.1.1 基本顶岩层平衡结构模型

在煤系地层中，层状岩体结构是其重要的特征。软煤层大采高开采顶板活动中也能形成"三带"：垮落带、裂隙带和弯曲下沉带。并且"三带"的几何尺寸和各带内岩层的运动特征也基本相同，对采场矿山压力显现特征及围岩控制能产生直接的影响。

软煤层大采高综采一次采出的煤层厚度与分层开采相比成 n 倍（$n \geqslant 2$）增加，采空区需要充填的空间范围也随之增大。分层开采时煤层上覆的某些较稳定的基本顶在大采高开采时，随工作面的推进，这部分基本顶也可能会垮落。软煤层大采高综采采场的基本顶岩层将会在一定的层位上形成平衡结构，但与厚煤层分层开采情况不同，这种平衡结构将会出现在上覆岩层更高的层位中，大采高采场围岩整体力学模型如下，如图 3 – 1a 为考虑了基本顶超前断裂的影响，图 3 – 1b 为没有考虑基本顶超前断裂的影响。

3.1.2 基本顶"砌体梁"结构关键块模型

通过第二章对赵庄煤矿 3305 软煤层大采高综采工作面矿山压力观测规律分析，工作面来压的周期性表现出"砌体梁"结构的基本特征。根据"砌体梁"结构的研究成果，决定该结构

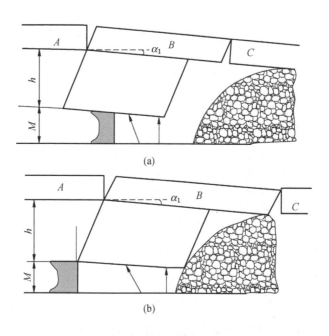

图 3-1　大采高采场围岩整体力学模型

稳定与否的关键是第一和第二两个岩块，即"关键块"[120]。根据"砌体梁"结构关于关键块的分析，建立了软煤层大采高基本顶的"砌体梁"结构关键块模型，如图 3-2 所示。

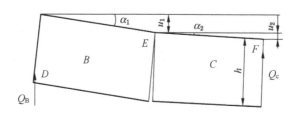

图 3-2　关键块力学模型

图 3 – 2 中，基本顶 B 类岩块在采空区的最大下沉量为 u_1，其与煤层开采高度、直接顶岩层的厚度和岩石的碎胀系数等因素有关，则

$$u_1 = m - \sum h \cdot (K_i - 1) \qquad (3-1)$$

式中　　m——煤层开采高度；

　　　$\sum h$——直接顶岩层的厚度；

　　　K_i——岩石的碎胀系数。

根据岩块运动的几何接触关系，基本顶 B 类、C 类岩块间端角处的挤压接触面高度 a 可近似为

$$a = \frac{1}{2}(h - l_B \cdot \sin\alpha_1) \qquad (3-2)$$

式中　　h——基本顶岩块的高度；

　　　l_B——B 类岩块的长度；

　　　α_1——B 类岩块的回转角度。

3.1.3　基本顶"砌体梁"结构关键块的受力分析

随着软煤层大采高综采工作面的向前推进，由于基本顶岩层在矿山压力的作用下会出现周期性的断裂、垮落，3305 工作面周期性来压的步距基本相同，见表 2 – 2 ~ 表 2 – 7，假设 $l_B = l_C = l$。

对 D 点取矩，$\sum M_D = 0$，则

$$P_1 \cdot \left(\frac{1}{2}l \cdot \cos\alpha_1 + h \cdot \sin\alpha_1 \right) + \left(l \cdot \cos\alpha_1 + h \cdot \sin\alpha_1 + \frac{1}{2}l - \frac{1}{2}a \cdot \tan\alpha_1 \right)$$
$$(P_1 - R_C) = T \cdot (h - u_2 - a) + Q_C \cdot (l \cdot \cos\alpha_1 + h \cdot \sin\alpha_1 + l)$$

$$(3-3)$$

式中　　P_1——基本顶 B 类岩块承受的载荷；

　　　R_C——基本顶 C 类岩块的支承反力；

　　　T——基本顶岩块受到的水平力；

Q_C——基本顶 C 类岩块接触角上的剪切力。

由 $Q_\mathrm{C} = 1.03 P_2 \approx P_2$，则式（3-3）可化为

$$P_1 \cdot \left(\frac{1}{2}l \cdot \cos\alpha_1 + h \cdot \sin\alpha_1 \right) - T \cdot (h - u_2 - a) -$$

$$Q_\mathrm{C} \cdot (l \cdot \cos\alpha_1 + h \cdot \sin\alpha_1 + l) = 0 \qquad (3-4)$$

对基本顶 C 类岩块取矩，$\sum M_\mathrm{E} = 0$

$$Q_\mathrm{C} \cdot (l \cdot \cos\alpha_1 + h \cdot \sin\alpha_1 + l) = 0 \qquad (3-5)$$

在整个关键块力学模型中，模型在竖直方向上的合力为零，则

$$Q_\mathrm{B} + Q_\mathrm{C} = P_1 \qquad (3-6)$$

由图 3-2 可知，基本顶 B 类岩块在采空区的最大下沉量 u_1 为

$$u_1 = l \cdot \sin\alpha_1 \qquad (3-7)$$

基本顶 C 类岩块相对于 B 类岩块在采空区的下沉量 u_2 为

$$u_2 = l \cdot \sin\alpha_2 \qquad (3-8)$$

则 C 类岩块总的下沉量 u_3 为

$$u_3 = u_1 + u_2 = l \cdot (\sin\alpha_1 + \sin\alpha_2) \qquad (3-9)$$

由 $\alpha_1 = 4\alpha_2$，且 α_1、α_2 的角度较小，则 $\sin\alpha_1 = 4\sin\alpha_2$。则由式（3-4）、式（3-5）和式（3-6）联立可得：

基本顶 B 类岩块上的剪切力为

$$Q_\mathrm{B} = \frac{P_1\left(\dfrac{4h}{l} - 3\sin\alpha_1 \right)}{\sin\alpha_1 (\cos\alpha_1 - 2) + \dfrac{4h}{l}}$$

令 $i = \dfrac{h}{l}$ 表示基本顶岩块的块度，则

$$Q_\mathrm{B} = \frac{P_1 (i - 3\sin\alpha_1)}{\sin\alpha_1 (\cos\alpha_1 - 2) + 4i} \qquad (3-10)$$

基本顶岩块受到的水平力为

$$T = \frac{P_1 (4i\sin\alpha_1 + 2\sin\alpha_1)}{\sin\alpha_1 (\cos\alpha_1 - 2) + 2i} \qquad (3-11)$$

从式（3-10）和式（3-11）可以得出：基本顶岩块的稳定性取决于 B 类岩块上的剪切力 Q_B 和基本顶岩块受到的水平力 T 的大小。软煤层大采高工作面基本顶 B 类岩块上的剪切力 Q_B 随着回转角度 α_1 的增大而减小，随着块度 i 的增大而增大；水平力 T 随着回转角度 α_1 的增大而增大，随着块度 i 的增大而减小。

3.1.4 基本顶"砌体梁"结构的失稳分析

基本顶"砌体梁"结构有两种失稳的可能性，即回转变形失稳和滑落失稳[36]。

（1）回转变形失稳。根据"砌体梁"关键块理论，随着基本顶 B 类和 C 类岩块的回转，从式（3-11）中可以得出基本顶岩块受到的水平力 T 将会增大，极有可能导致 B 类和 C 类岩块在铰接处产生失稳，该结构发生失稳的条件为

$$T \leqslant a \cdot \eta \cdot \sigma_c \qquad (3-12)$$

式中　$\eta \cdot \sigma_c$——基本顶 B 类和 C 类岩块端角的挤压强度。

根据对赵庄煤矿 η 的实验测定，$\eta = 0.35$，令 h_1 为载荷层作用于基本顶岩块的等效岩柱厚度，并将 $P_1 = \rho gl(h + h_1)$、$a = \dfrac{1}{2}$ $(h - l_B \cdot \sin\alpha_1)$ 代入式（3-11）和式（3-12），得

$$h + h_1 \geqslant \frac{7\sigma_c \cdot (i - \sin\alpha_1) \cdot [2i + \sin\alpha_1(\cos\alpha_1 - 2)]}{40g \cdot (4i\sin\alpha_1 + 2\sin\alpha_1)}$$

$$(3-13)$$

（2）滑落失稳。基本顶 B 类岩块结构当在 D 点发生滑落失稳时，需要满足的条件为

$$T \cdot \tan\alpha \geqslant Q_B \qquad (3-14)$$

式中　$\tan\alpha$——基本顶岩块间的摩擦因素，经实验室测试，其值在 $0.426 \sim 0.544$ 之间，为简便计算起见，取 $\tan\alpha = 0.5$。

将式（3－10）和式（3－11）代入式（3－14）可得

$$i \leqslant \frac{\sin\alpha_1 + 2\cos\alpha_1}{4 - 4\sin\alpha_1} = \frac{\sin\alpha_1 + 2\cos\alpha_1}{4(1 - \sin\alpha_1)} \qquad (3-15)$$

3.2 直接顶受力变形分析

工作面顶板的下沉量是由基本顶、直接顶和液压支架三者耦合作用的结果，液压支架的工作载荷主要与直接顶的整体力学性质有关。所以，直接顶在支架—围岩关系中的作用是十分重要的[121,122]。

3.2.1 直接顶力学模型的建立

根据中国工程院钱鸣高院士提出的支架—围岩整体力学模型，结合赵庄煤矿软煤层大采高综采的实际情况，在基本顶给定变形条件下，研究直接顶的受力、变形和破坏状况，建立的直接顶力学模型可参考图3－1。由于只对直接顶的悬伸部分进行分析，所以假设直接顶的上边界为基本顶施加直接顶的给定变形，为位移边界条件；下边界受工作面液压支架的支撑作用，为应力边界条件；左边界可假设为固定边界（对煤壁片帮进行了马丽散N型材料注浆加固，效果较好，假设煤壁不发生片帮）；右边界为无任何载荷作用下的临空面。因此，在基本顶给定变形条件下，直接顶岩层的受力变形分析过程是复杂的应力位移混合边界条件下力学问题的求解。

3.2.2 直接顶力学模型的求解

3.2.2.1 直接顶弹性体变分问题求解

在一般应力状态下，弹性体的应变能为[123]

$$U = \iiint U_0 \mathrm{d}x\mathrm{d}y\mathrm{d}z = \frac{1}{2}\iiint \sigma\xi\mathrm{d}V \qquad (3-16)$$

采用位移分量表示应变能为：

$$U = \frac{E}{2(1+\mu)} \iiint \left[\frac{\mu}{1-\mu} \cdot \left(\frac{\partial u}{\partial x} + \frac{\partial v}{\partial y} + \frac{\partial w}{\partial z} \right)^2 + \right.$$

$$\left(\frac{\partial u}{\partial x} \right)^2 + \left(\frac{\partial v}{\partial y} \right)^2 + \left(\frac{\partial w}{\partial z} \right)^2 + \frac{1}{2} \left(\frac{\partial u}{\partial x} + \frac{\partial v}{\partial y} \right)^2 +$$

$$\left. \frac{1}{2} \left(\frac{\partial v}{\partial y} + \frac{\partial w}{\partial z} \right)^2 + \frac{1}{2} \left(\frac{\partial u}{\partial x} + \frac{\partial w}{\partial z} \right)^2 \right] dV \qquad (3-17)$$

假设在位移边界条件所允许的微小改变情况下，直接顶弹性体的位移分量 u、v、w 发生了微小改变 δu、δv、δw，则得到拉格朗日位移变分方程为：

$$\delta U = \iint (X\delta u + Y\delta v + Z\delta w) dV + \iint (\overline{X}\delta u + \overline{Y}\delta v + \overline{Z}\delta w) dS$$

$$(3-18)$$

式中　X、Y、Z——弹性体的体力分量；

　　　$\overline{X}$、$\overline{Y}$、$\overline{Z}$——弹性体的面力分量。

直接顶弹性体位移分量 u、v、w 的表达式为：

$$u = u_0 + \sum A \cdot u_1 \qquad (3-19)$$

$$v = v_0 + \sum B \cdot v_1 \qquad (3-20)$$

$$w = w_0 + \sum C \cdot w_1 \qquad (3-21)$$

式（3-19）~式（3-21）中，u_0、v_0、w_0 为满足边界条件时所设定函数；A、B、C 为待定系数；u_1、v_1、w_1 为边界上等于 0 时的函数。

将式（3-19）~式（3-21）代入式（3-18）中，得到关于位移的变分方程：

$$\frac{\partial U}{\partial A} = \iiint X \cdot u_1 dV + \iint \overline{X} \cdot u_1 dS \qquad (3-22)$$

$$\frac{\partial U}{\partial B} = \iiint Y \cdot v_1 dV + \iint \overline{Y} \cdot v_1 dS \qquad (3-23)$$

$$\frac{\partial U}{\partial C} = \iiint Z \cdot w_1 dV + \iint \overline{Z} \cdot w_1 dS \qquad (3-24)$$

假设位移表达式满足位移边界条件和应力边界条件，则式（3-24）可简化为

$$\iiint \left[\frac{E}{2(1+\mu)} \cdot \left(\frac{1}{1-2\mu} \cdot \frac{\partial e}{\partial x} + \nabla^2 \cdot u \right)^2 + X \right] \cdot u_1 \mathrm{d}V = 0$$

$$(3-25)$$

$$\iiint \left[\frac{E}{2(1+\mu)} \cdot \left(\frac{1}{1-2\mu} \cdot \frac{\partial e}{\partial y} + \nabla^2 u \right)^2 + X \right] \cdot v_1 \mathrm{d}V = 0$$

$$(3-26)$$

$$\iiint \left[\frac{E}{2(1+\mu)} \cdot \left(\frac{1}{1-2\mu} \cdot \frac{\partial e}{\partial z} + \nabla^2 u \right)^2 + X \right] \cdot w_1 \mathrm{d}V = 0$$

$$(3-27)$$

式中　e——直接顶弹性体的体积应变。

求出式（3-19）~式（3-21）中的待定系数 A、B、C，即可确定出直接顶弹性体的位移场，从而得到直接顶弹性体应力应变分布的解析式。

根据图 3-1 软煤层大采高采场围岩整体力学模型，则对于直接顶弹性体有：

体力分量：$X=0$，$Y=-\rho g$。

面力边界条件：$x=a$：$\overline{X}=\overline{Y}=0$；

　　　　　　　$y=0$：$\overline{X}=0$，$\overline{Y}=P$。

位移边界条件：$x=0$：$u=v=0$；

　　　　　　　$y=h$：$v=-x\beta$。

位移分量表达式为

$$u = \frac{A \cdot x}{a} \cdot \left(1 - \frac{y}{\sum M} \right) \qquad (3-28)$$

$$v = \frac{B \cdot x}{a} \cdot \left(1 - \frac{y}{\sum M} \right) - \frac{x \cdot y \cdot \beta}{\sum M} \qquad (3-29)$$

式（3-28）和式（3-29）中：

β——直接顶的回转角度；

$\sum M$——直接顶的厚度。

式（3-28）和式（3-29）满足弹性体变分问题的位移边界条件，适用于平面问题，采用弹性力学的瑞兹法求解。对于平面应变问题，直接顶弹性体的弹性势能为：

$$U = \frac{E}{2(1+\mu)} \iiint \left[\frac{\mu}{1-\mu} \cdot \left(\frac{\partial u}{\partial x} + \frac{\partial v}{\partial y} \right)^2 + \left(\frac{\partial u}{\partial x} \right)^2 + \right.$$

$$\left. \left(\frac{\partial v}{\partial y} \right)^2 + \frac{1}{2} \left(\frac{\partial w}{\partial y} + \frac{\partial v}{\partial z} \right)^2 \right] dV$$

$$= \frac{E}{2(1+\mu)(1-2\mu)} \cdot \left\{ \frac{A \cdot \left[B - a\beta(1-4\mu) \right]}{4} + \right.$$

$$\frac{\sigma \cdot \left[2B^2 + 4aB\beta + 2a^2\beta^2 \right] \left[A^2(2\mu-1) - (1-\mu) \right]}{6\sum M} -$$

$$\left. \frac{\left[2A^2(1-\mu) + (1-2\mu) \right] \left[B^2 - aB\beta + a^2\beta^2 \right] \sum M}{6a} \right\}$$

$$(3-30)$$

利用瑞兹法，建立待定系数 A 和 B 的联立方程组为：

$$\frac{E}{2(1+\mu)(1-2\mu)} \cdot \left\{ \frac{2A(1-\mu)\sum M}{3a} + \frac{aA(1-2\mu)}{3\sum M} + \frac{B - a\beta + 4a\mu\beta}{4} \right\} = 0$$

$$(3-31)$$

$$\frac{E}{2(1+\mu)(1-2\mu)} \cdot \left\{ \frac{a}{4} + \frac{(1-2\mu)(2B-a\beta)\sum M}{6a} + \frac{2aA(1-\mu)(B+a\beta)}{3\sum M} \right\} =$$

$$\frac{ap}{2} \cdot \left(1 - \frac{\gamma}{\sum M} \right) - \frac{\rho g \sum M}{4a} \qquad (3-32)$$

为求解待定系数 A、B 方便起见，令：

$$D = \begin{vmatrix} \dfrac{2(1-\mu) \cdot \sum M}{3a} + \dfrac{(1-2\mu)a}{3\sum M} & \dfrac{1}{4} \\[4mm] \dfrac{1}{4} & \dfrac{(1-2\mu) \cdot \sum M}{3a} + \dfrac{2a \cdot (1-\mu)}{3\sum M} \end{vmatrix}$$

$$(3-33)$$

$$D_1 = \begin{vmatrix} \dfrac{a\beta \cdot (1-4\mu)}{4} & \dfrac{1}{4} \\[4mm] a\beta \cdot \left[\dfrac{(1-2\mu) \cdot \sum M}{6a} - \dfrac{(1-\mu)}{3\sum M} \right] - G \cdot \left[\dfrac{\rho g \cdot \sum M}{4a} - \dfrac{P}{2} \cdot \left(1 - \dfrac{y}{\sum M} \right) \right] & \dfrac{(1-2\mu) \cdot \sum M}{3a} + \dfrac{2a \cdot (1-\mu)}{3\sum M} \end{vmatrix}$$

$$(3-34)$$

$$D_2 = \begin{vmatrix} \dfrac{2(1-\mu) \cdot \sum M}{3a} + \dfrac{a \cdot (1-2\mu)}{3\sum M} & \dfrac{a\beta \cdot (1-4\mu)}{4} \\[4mm] \dfrac{1}{4} & a\beta \cdot \left[\dfrac{(1-2\mu) \cdot \sum M}{6a} - \dfrac{2a \cdot (1-\mu)}{3a\sum M} \right] - G \cdot \left[\dfrac{\rho g \cdot \sum h}{4a} - \dfrac{P}{2} \cdot \left(1 - \dfrac{y}{\sum M} \right) \right] \end{vmatrix}$$

$$(3-35)$$

式 (3-33)~式 (3-35) 中, $G = \dfrac{2(1+\mu) \cdot (1-2\mu)}{E}$。

解得待定系数 A、B 为:

$$A = \frac{D_1}{D} \qquad\qquad (3-36)$$

$$B = \frac{D_2}{D} \qquad\qquad (3-37)$$

3.2.2.2 运算结果分析

(1) 直接顶岩层下沉量 Δh 与基本顶回转角 β 的关系。

假设工作面液压支架的工作阻力 P 为常数, 直接顶的高度 $\sum M$, 容重 ρg、弹性模量 E 为常数, 则由式 (3-28)、式 (3-29)、式（3-36）和式（3-37）得：

$$\Delta h = C_1 + C_2 \cdot \theta \qquad (3-38)$$

式中　C_1、C_2——正的常数。

从式（3-38）中可以得出，基本顶回转角 β 的大小与顶板的下沉量 Δh 成正比，基本顶的回转角 β 越大，顶板的下沉量 Δh 越大。

（2）直接顶岩层下沉量 Δh 与其弹性模量 E 的关系。假设工作面液压支架的工作阻力 P 为常数，直接顶的高度 $\sum M$，容重 ρg、基本顶回转角 β 为常数，则由式（3-28）、式（3-29）、式（3-36）和式（3-37）得：

$$\Delta h = C_3 - \frac{C_4}{E} \qquad (3-39)$$

式中　C_3、C_4——正的常数。

从式（3-39）中可以得出，当弹性模量 E 较小时，也就是直接顶岩层较为破碎时，其下沉量较小，基本顶产生的给定变形多被直接顶吸收；当直接顶弹性模量 E 增大时，顶板的下沉量 Δh 也相应增大，当 $E \to +\infty$ 时，顶板的下沉量 Δh 趋于一定值 C_3，C_3 就是基本顶岩层断裂后的回转变形量。

（3）直接顶岩层的下沉量 Δh 与工作面液压支架工作阻力 P 的关系。假设直接顶的弹性模量 E、高度 $\sum M$、容重 ρg、基本顶回转角 β 为常数，则由式（3-28）、式（3-29）、式（3-36）和式（3-37）得：

$$\Delta h = C_5 - C_6 \cdot P \qquad (3-40)$$

式中　C_5、C_6——正的常数。

在弹性范围内，直接顶岩层的下沉量 Δh 与工作面液压支架的工作阻力 P 呈反比关系，工作面液压支架的工作阻力 P 越大，直接顶岩层的下沉量 Δh 越小。

4 软煤层大采高综采工作面煤壁片帮及防治措施研究

通常人们认为随着工作面采高的增大，煤壁片帮的深度和次数将增加。严重的煤壁片帮使煤体失去支撑能力，顶板压力向支架上方转移，支架由于受力不均衡，产生咬架、翘顶、倒架等的现象。煤壁片帮又使得液压支架的端面距增大，顶板极易产生冒漏，形成大范围的空顶，严重时将导致顶板事故。对工作面的安全开采造成很大的威胁。所以，深入研究和控制软煤层大采高煤壁片帮，做好工作面煤壁管理不仅是现场安全生产和管理的一项十分重要的内容，更是软煤层大采高综采取得较好经济效益的保证。

4.1 煤壁片帮机理及防治技术研究概述

工作面前方的支承压力是煤壁产生片帮的主要原因，不同的煤层条件，如煤体的物理力学特性、节理裂隙发育程度、构造发育情况，工作面煤壁产生片帮的形式不同。通过很多专家和学者对工作面煤壁片帮机理及防治技术研究的总结，按照煤层厚度和开采方法不同，大体可以分为以下3种类型：

1. 单一薄及中厚煤层或厚煤层分层开采煤壁片帮

该种类型工作面煤壁片帮发生的概率小，当工作面在煤层节理裂隙发育、过地质构造影响区或仰斜开采时，发生煤壁片帮的概率增大。新汶矿业集团翟镇煤矿在3204工作面利用木锚杆防止煤壁片帮方面取得了较好的效果。该工作面煤层厚度2.3 m，采用一次采全高进行回采，节理裂隙发育，现场观测工作面煤壁的片帮严重。初期利用π型钢梁、贴帮柱防片帮，但片帮现象依然严重。文献［124］认为：随着工作面的向前推进，工作面的超前支承压力使工作面煤壁发生松动、破坏。当支护不及时或支护阻力不足时，煤壁形成松动破坏带。在松动破坏带内煤体将破碎的煤壁向工作面内挤压，从而形成煤壁片帮。煤壁一旦片帮，新暴露出来的煤壁又在支承压力作用下形成新的破裂，进而再次发生片帮，直到破裂带内煤壁的位移能力与煤壁的自稳能力产生平衡时为止。

而文献［125］认为：翟镇煤矿发生煤壁片帮的根本原因是由于工作面支架—围岩的"定变形"关系。通过现场观测得出，随着采高的变化，煤壁片帮的剧烈程度也存在着明显的差异，见表4-1。

表4-1　工作面矿压显现情况汇总表

类别	采高/ m	支柱载荷/ MPa	顶板下沉量/ mm	活柱缩量/ mm	片帮程度
相对稳定阶段	2.0~2.2	17.0	191	13	一般
	2.5~2.7	23.0	256	20	明显
	2.0~2.2	19.4	261	22	一般
来压阶段	2.5~2.7	25.0	289	27	明显
	2.0~2.2	21.0	274	24	明显
	2.5~2.7	24.7	314	31	剧烈

经现场观测，采高在 2.0~2.2 m 的区段，片帮深度一般在 300~1000 mm；来压期间片帮深度在 1000 mm 左右。采高在 2.5~2.7 m 的区段，片帮深度一般都在 800 mm 以上，最严重时可达 2000 mm。

针对煤壁片帮情况，该矿采取以下措施：留顶煤并适当降低开采高度;坚持"支与护"并重的原则;煤壁打木锚杆;煤壁化学加固。

2. 放顶煤工作面煤壁片帮机理及防治

由于放顶煤工作面的顶板为煤层,煤层的物理力学性质一般表现为较软,所以工作面煤壁片帮将导致工作面端面的冒漏,进而使工作面液压支架的受力状况发生恶化,再加上放顶煤工序的影响,特别容易出现工作面大面积冒顶的现象。

兖矿集团兴隆庄煤矿 4318 综放工作面地质构造简单,煤层厚度 7.8 ~ 8.4 m,工作面采高 3.0 m,采放比 1:1.74,倾角 3.5° ~ 14°,$f = 1.8$,煤层层理、节理发育,其中一组节理与工作面成 60° 斜交,一组与工作面平行,每间隔 10 ~ 15 mm 和 200 ~ 400 mm 发育一层节理面。经现场观测:4318 综放工作面煤壁的片帮长度、深度见表 4 - 2[126]。

表4-2 片帮深度及长度的观测结果

片帮深度/mm	0 ~ 300	300 ~ 600	600 ~ 900	> 900
频度分布/%	36	40.8	7.7	15.5

4318 综放工作面发生片帮的长度占工作面长度的 59.8%,其中片帮深度大于 300 mm 的占 64%,一般不会诱发冒顶;片帮深度大于 900 mm 的占 15.5%,对工作面安全生产的影响较大,多数会发生端面冒顶。4318 综放工作面煤壁片帮的形态主要有两种:一种是"倒墙式"片帮,煤壁上下部的片帮深度基本相等,并且多发生在采煤机滚筒前方 10 m 左右的范围以内,片帮深度 0.5 m,这种片帮形式约占 70%。另一种是"滑落式"片帮,主要原因是由于降架时煤壁所承受的压力增大引起的,这种片帮形式约占 30%。

徐金海、张顶立、李正龙、孟祥军研究认为,综放工作面煤壁片帮的主要原因有：煤层平行于工作面的节理裂隙发育，液压支架缺少护帮装置；支架的初撑力普遍偏低，采用降载移架的方法致使煤壁承受的压力增大；采煤机牵引速度与滚筒的转速不相适应，使采煤机对工作面前方煤壁产生较大的挤压作用力。

文献［127］分析研究了朱村煤矿煤壁浅孔注水控制"三软"条件工作面煤壁片帮的问题。该矿 26031 和 28021 综放工作面属于"三软"条件煤层，煤壁片帮程度大，严重制约了工作面的安全高效生产。根据煤层具有"亲水性"好的原理，在工作面向煤壁前方打浅孔注水，注水后，煤层在水的作用下，形成了一定厚度的黏结层。黏结层在采煤机通过后延缓了工作面煤壁的片帮，同时也延缓了顶煤的冒落，为工作面的拉架创造了较好的条件。

文献［128］对神华集团包头矿业有限责任公司河滩沟煤矿综放面的煤壁片帮机理进行了研究。该矿采用综采放顶煤开采，煤层平均倾角 26°，最大 30°以上，$f = 1.5 \sim 2.0$，节理发育。开采过程中，工作面煤壁片帮及端面冒顶严重，工作面长期处于低产状态。通过现场观测，煤壁在支承压力作用下主要有三种形式的片帮，压剪式片帮、壁裂式片帮和横拱式片帮。并对这三种形式的片帮分别进行了研究，得出了三种片帮的力学机理和片帮深度的计算方法。

河滩沟煤矿工作面煤壁片帮属于压剪式的滑落片帮。为防治煤壁片帮该矿采取的措施主要有：降低工作面开采高度；提高液压支架的初撑力和工作阻力，充分发挥支架对顶板的支护作用；变仰斜开采为俯斜开采。

3. 大采高工作面煤壁片帮机理及防治

从一般意义上讲，煤壁片帮的概率将会增大。由于采高的增加，在片帮的处理上会比普通采高及放顶煤开采时的难度均要大。因此，煤壁片帮是大采高工作面的技术难题。

金牛能源东庞煤矿采用大采高开采，平均采高 4.3 m，最高达到 5.0 m。通过现场对不同工作面的观测，煤壁片帮深度与采高呈非线性关系。当采高为 1.0～3.0 m 时，工作面煤壁片帮深度增长的速度比较缓慢，当继续加大采高，片帮的深度则急剧增大。观测还表明，工作面来压期间与停产期间煤壁片帮较为严重。工作面周期来压期间，煤壁片帮长度累计为 35.0～57.0 m，平均 45.0 m，占整个工作面长度的 23.2%～37.8%，平均为 30.5%。工作面停产期间（一般为 1～2 d），煤壁片帮长度为 38.0～77.0 m，平均为 52.0 m，占整个工作面长度的 25.2%～51.0%，平均为 34.5%。在工作面非来压期间，片帮长度为 8.0～24.0 m，平均 17.0 m，占工作面长度的 5.3%～15.9%，平均 11.0%。

徐州矿务集团张双楼煤矿在 9 号煤层开采中，采用 4.5 m 大采高综采技术，设计采高 4.2 m，煤层倾角 17°～32°，平均 24°。经现场观测，煤壁片帮深度大于 0.5 m 的占 87%，最大片帮深度达 2.2 m，其中片帮深度为 0.5～1.0 m 的频率最高，为 48.4%，片帮长度小于 10.0 m 的频率最高，为 65.2%。工作面煤壁片帮的形式一般为三角形，斜面由煤壁外某一高度开始，指向煤体，再延长到顶板，角度 45°～70°。由于支架采用了二级护帮装置，总的护帮高度达到了 1.7 m，刮板输送机挡煤板的高度达到了 1.4 m，二者联合作用，有效地防止了煤壁片帮。

龙口矿业集团梁家煤矿属于"三软"煤层，主采 2 号煤层，煤层平均厚度 4.6 m，液压支架采高范围 2.3～4.2 m，直接顶厚度 12.7 m，基本顶厚度 8.6 m，平均开采厚度为 4.1 m。现场观测表明：煤壁片帮深度小，工作面顶板的破碎度几乎为零。山东科技大学吴士良教授通过研究发现，煤壁片帮深度 c(cm) 与采高 h(m) 的定量关系式为：$c = 21.38\ln h - 17.97$。通过对上述定量关系式进行分析，确定该矿工作面合理的采高应大于 3.85 m，最终确定工作面的采高为 4.0～4.1 m，易于工作面煤壁的控制。

晋城煤业集团郝海金博士通过数值模拟结果研究了寺河煤矿

工作面采高变化与煤壁片帮之间的关系。研究结果得出工作面采高的增加不会直接导致片帮现象的发生。另外，分析了工作面煤壁片帮的概率，指出影响煤壁片帮发生概率的因素主要有：不连续面的多少和方向、不连续面上的黏聚力 C 和内摩擦系数 $\tan\varphi$、直接顶对煤壁的压力及相互之间的摩擦系数。

太原理工大学弓培林教授通过对大采高工作面煤壁片帮的研究得出：大采高煤壁片帮的概率增大，除支承压力、煤体强度对片帮的影响外，主要是受煤体中裂隙分布的影响；煤层的层状结构也影响着煤壁的片帮，厚硬夹层能有效防止煤壁片帮。对易片帮煤层，可在煤体中部采用压注化学加固剂的措施以减少片帮。

综合所述，可以得出如下结论：

（1）目前对煤壁片帮的研究大多为采高在 5.0 m 以下的情况，且大部分是 4.0 m 左右的研究成果，如果采高达到 5.5 ~ 6.5 m，煤壁片帮的研究较少，尤其是对于软煤层大采高而言至今没有相关资料的报道。

（2）就大采高工作面而言，煤壁片帮的程度到底对工作面安全生产的影响如何，至今仍没有统一的见解。现场实践证明，神华集团神东煤炭公司所属的矿井，很多大采高工作面片帮并不严重；晋城煤业集团寺河煤矿大采高工作面采高达到了 5.6 m，除了在地质构造破坏带影响范围内工作面煤壁的片帮比较严重外，平时煤壁片帮并不影响生产。如吴士良教授通过对龙口矿业集团梁家煤矿"三软"条件工作面煤壁片帮的现场观测研究得出当工作面采高达到 4.0 ~ 4.1 m 时，煤壁片帮深度小且易控制的结论。

由此可见，目前的研究成果尚不能满足软煤层大采高适用条件的要求，特别是当采高大于 5.5 m 时，此类研究仍然是空白。因此，要保障软煤层大采高工作面的安全高产高效，对工作面煤壁片帮的研究是非常重要的。

4.2 软煤层大采高综采工作面前方煤体塑性区宽度的数值分析

4.2.1 数值计算方法

计算采用 FLAC³ᴰ（Fast Lagrangian Analysis of Continua in 3 Dimensions）进行，FLAC³ᴰ是为岩土工程而开发的，程序建立在拉格朗日算法基础上[129]，主要适应计算岩土类工程地质材料的力学行为，特别适应模拟材料的大变形、弯曲和扭曲。模型采用弹塑性材料，运用 Coulomb – Mohr 屈服准则判断岩体的破坏，即：

$$f_s = \sigma_1 - \sigma_3 N_\varphi + 2C\sqrt{N_\varphi} \qquad (4-1)$$

$$f_t = \sigma_3 - \sigma_t \qquad (4-2)$$

$$N_\varphi = \frac{1 + \sin\varphi}{1 - \sin\varphi} \qquad (4-3)$$

式中 σ_1、σ_3——最大和最小主应力；

C、φ——材料的黏结力和内摩擦角；

σ_t——岩块的抗拉强度。

当 $f_s = 0$ 时，材料将发生剪切破坏；当 $f_t = 0$ 时，材料将产生拉伸破坏。

4.2.2 模型的建立

采用平面模型，模型尺寸为推进方向长度×模型高度 = 400 m × 95 m，左右方和下部均采用固定边界条件，上部采用应力边界条件，煤层埋深按 500 m 计算。煤层及顶底板地质条件及各岩层物理力学参数见 3305 工作面煤岩综合柱状图（图 2 – 5、图 2 – 6）和表 4 – 3。考虑到实际顶底板岩性分布的不同性，故按两种情况建立模型：

（1）按赵庄煤矿 3305 工作面地质条件，煤层上部赋存 3.8 m

表 4-3 3号煤层煤样试验结果

试验编号	岩石名称	天然抗压强度/MPa	饱和抗压强度/MPa	软化系数	抗拉强度/MPa	抗剪强度/MPa	弹性模量/GPa	泊松比	内摩擦角	凝聚力/MPa	吸水率/%	视密度/(kg·m⁻³)
2009694	3号煤层 (0~1 m)	$\dfrac{(6.6 \sim 14.8)}{9.9}$	$\dfrac{(5.1 \sim 6.6)}{5.9}$	0.60	$\dfrac{(0.05 \sim 0.10)}{0.08}$	$\dfrac{(0.29 \sim 0.69)}{0.50}$	3.31	0.33	39°18'	1.7	3.05	1385
2009695	3号煤层 (1~2 m)	$\dfrac{(5.1 \sim 12.28)}{8}$	$\dfrac{(2.3 \sim 5.6)}{4.3}$	0.49	$\dfrac{(0.05 \sim 0.10)}{0.08}$	$\dfrac{(0.31 \sim 0.50)}{0.38}$	3.51	0.26	36°29'	2.1	1.97	1420
2009696	3号煤层 (2~3 m)	$\dfrac{(6.6 \sim 18.9)}{12.1}$	$\dfrac{(2.8 \sim 7.9)}{4.8}$	0.40	$\dfrac{(0.10 \sim 0.20)}{0.15}$	$\dfrac{(0.20 \sim 0.33)}{0.26}$	2.02	0.31	29°38'	2.5	3.34	1414
2009697	3号煤层 (3~4 m)	$\dfrac{(8.2 \sim 9.2)}{8.7}$	$\dfrac{(4.8 \sim 11.27)}{6.6}$	0.80	$\dfrac{(0.05 \sim 0.10)}{0.08}$	$\dfrac{(0.21 \sim 0.60)}{0.44}$	2.50	0.29	30°52'	1.9	1.93	1389
2009698	3号煤层 (4~5 m)	$\dfrac{(7.9 \sim 21.9)}{13.7}$	$\dfrac{(4.1 \sim 6.1)}{5.4}$	0.39	$\dfrac{(0.05 \sim 0.15)}{0.10}$	$\dfrac{(0.21 \sim 0.65)}{0.41}$	2.69	0.35	37°10'	2.4	2.21	1389
2009699	3号煤层 (5~6 m)	$\dfrac{(7.6 \sim 10.2)}{8.7}$	$\dfrac{(1.5 \sim 9.7)}{5.2}$	0.60	$\dfrac{(0.05 \sim 0.10)}{0.08}$	$\dfrac{(0.29 \sim 0.65)}{0.43}$	3.78	0.35	40°05'	1.7	2.01	1389

厚的炭质泥岩、3.6 m 厚的砂质泥岩、1.0 m 厚的煤层及 1.0 m 厚的炭质泥岩为直接顶，3.4 m 厚的粉砂岩为基本顶；

（2）煤层上部赋存一层 8.1 m 厚粉砂岩和 0.4 m 的泥岩为直接顶，4.45 m 厚的粉砂岩为基本顶。

4.2.3 模拟结果分析

4.2.3.1 第一种情况模拟结果分析

从图 4 – 1 ~ 图 4 – 5 中可以得出：

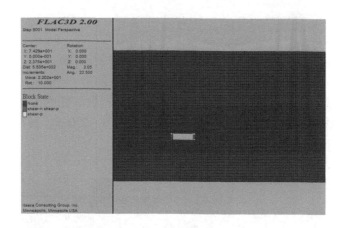

图 4 – 1 工作面推进 10 m 时煤壁塑性区分布

离工作面煤壁前方的煤体边缘一定宽度范围内出现了塑性区，由于煤体中出现了塑性区，工作面煤壁边缘处的最大支承压力已转移到煤体深部，最大支承压力作用的位置为煤体弹塑性分界面，从分界面至工作面煤壁的距离即为塑性区宽度。

当工作面推进 10 m 时，塑性区的宽度大约为 1.0 m；当工作面推进 20 m 时，塑性区的宽度大约为 1.0 m；当工作面推进 30 m 时，塑性区的宽度大约为 1.0 m；当工作面推进 40 m 时，塑性区

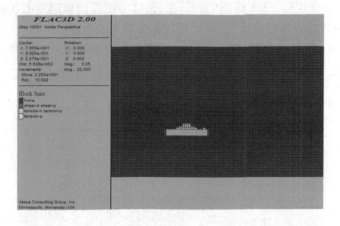

图 4 - 2　工作面推进 20 m 时煤壁塑性区分布

的宽度为 1.0 ~ 2.0 m，且在煤层的中下部塑性区宽度为 2.0 m；当工作面推进 50 m 时，塑性区的宽度为 1.0 ~ 2.0 m，且在煤层的中下部塑性区宽度为 2.0 m。

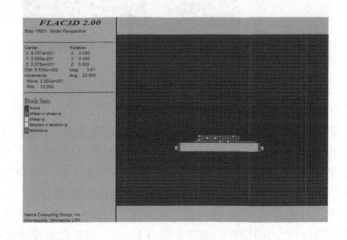

图 4 - 3　工作面推进 30 m 时煤壁塑性区分布

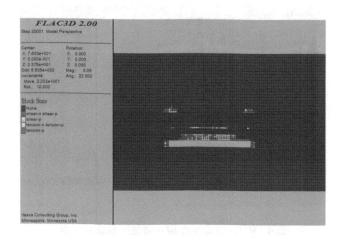

图4-4 工作面推进40 m时煤壁塑性区分布

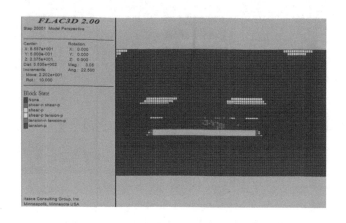

图4-5 工作面推进50 m时煤壁塑性区分布

4.2.3.2 第二种情况模拟结果分析

从图4-6至图4-10中可以得出：

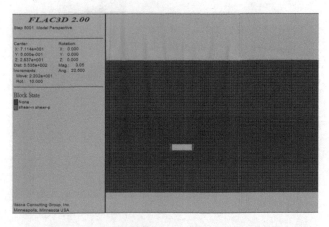

图 4-6　工作面推进 10 m 时煤壁塑性区分布

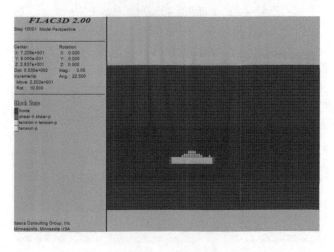

图 4-7　工作面推进 20 m 时煤壁塑性区分布

　　当工作面推进 10 m 时，工作面塑性区的宽度大约为 1.0 m；当工作面推进 20 m 时，塑性区的宽度仍在 1.0 m 左右；当工作面推进至 30 m 时，塑性区的宽度大约为 1.0 m，与第一种情况不同的是，在煤层的中部产生了塑性区，其宽度为 2.0 m；当工作面推进 40 m 时，塑性区的宽度为 1.0～2.0 m；当工作面推进 50 m 时，塑性区的宽度仍为 1.0～2.0 m，与第一种情况相同，在煤层的中下部产生了塑性区，其宽度为 2.0 m。

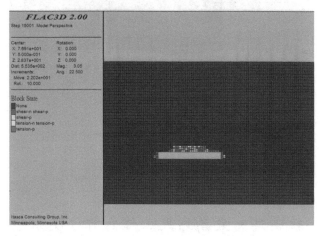

图 4-8　工作面推进 30 m 时煤壁塑性区分布

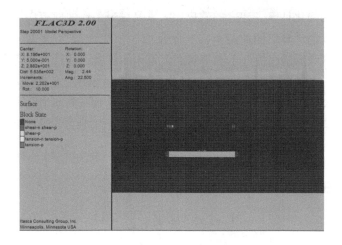

图 4-9　工作面推进 40 m 时煤壁塑性区分布

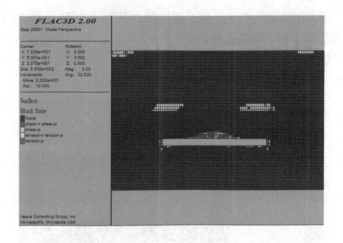

图 4-10 工作面推进 50 m 时煤壁塑性区分布

4.3 软煤层大采高综采工作面前方煤体塑性区宽度的理论计算

为简化计算，建立的软煤层大采高综采工作面前方煤层塑性区宽度的计算简图如图 4-11 所示。

假设煤层底板处于水平状态，工作面煤壁不片帮，并与底板垂直。以煤层底板为 x 轴，以工作面煤壁为 y 轴建立坐标系。在软煤层大采高煤层中取一宽度为 $\mathrm{d}x$、高度与工作面采高 m 相等的微分单元体 M，当 M 处于平衡状态时，在 x 方向上的合力为零，即：

$$2(C + \sigma_z \cdot \tan\varphi)\mathrm{d}x + \sigma_x \cdot m = m \cdot \left(\sigma_x + \frac{\mathrm{d}\sigma_x}{\mathrm{d}x}\right) \quad (4-4)$$

化简，得：

$$2C + 2\sigma_z \cdot \tan\varphi - \frac{\mathrm{d}\sigma_x}{\mathrm{d}x} = 0 \quad (4-5)$$

当工作面前方煤体达到极限平衡条件时，应满足 Coulomb -

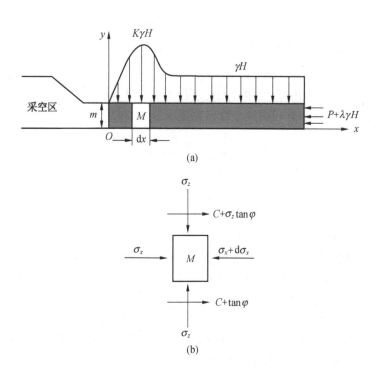

图 4-11　煤层边缘塑性区计算简图

Mohr 准则，即：

$$K_1 = \frac{1+\sin\varphi}{1-\sin\varphi} = \frac{\sigma_z + C \cdot \cot\varphi}{\sigma_x + C \cdot \cot\varphi} \qquad (4-6)$$

由式（4-6）化简，得：

$$d\sigma_x = \frac{1}{K_1} \cdot d\sigma_z \qquad (4-7)$$

将式（4-7）代入式（4-5），得：

$$2C + 2\sigma_z \cdot \tan\varphi - \frac{m \cdot d\sigma_z}{K_1 dx} = 0 \qquad (4-8)$$

边界条件：

$$x = 0 \qquad \sigma_x = 0$$

由式（4－8）可得：

$$\sigma_z = C\left(K_1\cot\varphi \cdot e^{\frac{2K_1 x\tan\varphi}{m}} - \cot\varphi\right) \qquad (4-9)$$

将工作面前方煤体最大支承压力 $\sigma_z = K\gamma H$ 代入式（4－9），可得工作面前方煤层的塑性区宽度 x_l：

$$x_l = \frac{m}{2K_1\tan\varphi} \cdot \ln\frac{K\gamma H + C\cot\varphi}{K_1 C\cot\varphi} \qquad (4-10)$$

式中　　m——煤层的开采高度，m；

　　　　φ——煤层的内摩擦角，（°）；

　　　　C——煤层的内聚力，MPa；

　　　　H——煤层的赋存深度，m。

赵庄煤矿的煤层平均开采高度 m 为 5.5 m，煤层的内摩擦角 φ 为 35°26′，煤层的内聚力 C 为 2.05 MPa，煤层的赋存深度 H 即工作面盖山厚度为 463.9 ~ 633.9 m，取 500 m，γ 取 2.65，通过对赵庄煤矿 3305 软煤层大采高综采工作面煤壁前方打钻孔安装钻孔应力计的方法，测量超前支承压力，经过对现场观测数据的分析，应力集系数 K 为 2.3 ~ 4.7。将上述数据代入式（4－6）、式（4－10），得到工作面前方煤层的塑性区宽度 x_l 为 1.13 ~ 1.83 m，与数值计算的结果基本接近。

4.4　软煤层大采高煤壁片帮的现场观测

赵庄煤矿 3305 软煤层大采高工作面开采初期，煤壁片帮现象较少，随着工作面的向前推进，煤壁片帮现象比较严重。通过现场观测，工作面来压时，最严重的一次片帮发生在 71 ~ 77 号支架之间，经测量，片帮最深达 1880 mm，垂直高度最高可达 2900 mm，煤壁有"吱吱"的声音并伴有端面掉矸现象。总体上，在非来压期间煤壁的片帮深度、垂直高度和范围均比较小；在来压期间，片帮的深度、垂直高度和范围均比较大，特别是在工作面中部及工作面机头和机尾受构造影响的部分区域片帮较严重,如图 4 – 12 所示。片帮深度及高度的观测结果见表 4 – 4。

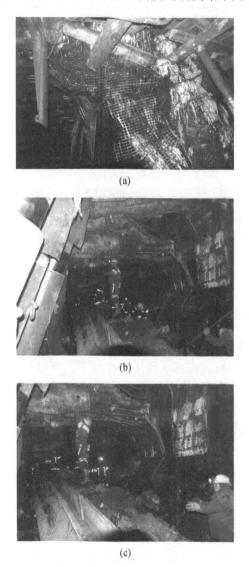

图 4 – 12 工作面煤壁片帮情况

表 4-4　片帮深度及高度的观测结果

时　期	发生片帮率/%	平均深度/mm	平均垂直高度/mm
初次来压	36.7	1330	2600
周期来压	25.1	1660	2520
非来压时期	17.3	930	1330

现场观测到的煤壁片帮情况基本上与数值模拟和理论计算的结果一致,说明赵庄煤矿 3305 软煤层大采高综采工作面煤壁的片帮与相同采高条件下的硬煤层相比并不严重,如通过对晋城煤业集团寺河煤矿大采高综采工作面煤壁片帮情况的现场调研,工作面煤壁片帮长度从几米至几十米,甚至达到整个工作面,片帮深度也达到了 3.0 ~ 4.5 m,片帮块度的体积达到了 4.8 ~ 22.1 m³。

4.5　软煤层大采高煤壁片帮的影响因素

4.5.1　采高对煤壁片帮的影响

随着工作面的推进,在煤壁前方产生了支承压力($\sigma = K\gamma H$,K 值一般取 2 ~ 4),在支承压力的作用下,煤壁一定深度内的煤体首先破坏,并且呈格里菲斯强度破坏特征,出现裂隙。该破坏区的范围与煤体的物理力学特性及所受到的应力有直接关系。特别是在工作面采高增大的条件下,由于一次性采出煤层的空间增大,充填采空区需要冒落更多的顶板岩层,因此,直接顶的总厚度增加。岩梁的跨度与厚度基本上成正比,由于直接顶长度的增加,煤体支承压力区则自动增加范围以平衡因采高增大而增加的压力。同时,工作面顶板压力也随之增大,造成液压支架的活柱下缩量增大、顶板的破碎程度加剧。由于赵庄煤矿 3 号煤层的节理裂隙的比较发育,降低了煤体的强度,增大了工作面煤壁前方煤体塑性区的范围。

冀中能源金牛股份公司东庞煤矿在 2702 工作面 Ⅱ2 级顶板条件下，进行大采高一次采全厚综采实验时，通过对工作面煤壁片帮情况的观测，得出了煤壁片帮深度与工作面实际采高的关系，见表 4-5。

表 4-5 片帮深度与采高的变化关系

H/m	1	2	3	4	5	6
C/mm	64	147.9	262	426	681	1140
C 增长倍数		2.3	1.7	1.62	1.59	1.66

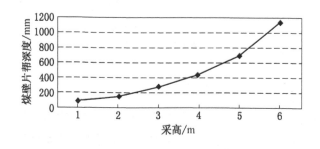

图 4-13 煤壁片帮深度与采高 H 的关系

从图 4-13 看出，工作面煤壁片帮深度与开采高度 H 呈非线性关系。当采高超过 2.0 m 后，煤壁片帮深度急剧增加。

由于软煤层大采高综采工作面煤壁片帮问题相对比较突出，使得 3305 大采高综采工作面不得不采取一些专门的煤壁加固措施，增加了大量的辅助工作量，导致工作面产量降低，生产成本增加。所以，煤层开采高度是软煤层大采高综采工作面煤壁片帮主要影响因素之一。

4.5.2 支架工作阻力对煤壁片帮深度的影响

根据中国煤矿工程机械装备集团进出口公司赵宏珠教授对大

采高煤壁片帮的研究，得出大采高综采工作面煤壁片帮与支架工作阻力的关系为：

$$C = 636.72 - 127P_m \qquad (4-11)$$

式中　　C——煤壁片帮的深度，mm；

　　　　P_m——支架的最大工作阻力，kN。

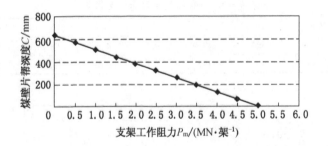

图 4-14　煤壁片帮与工作阻力的关系

从图 4-14 中可以看出，随着液压支架工作阻力的增大，煤壁片帮的深度减少。支架工作阻力的大小对煤壁片帮深度有明显影响，增大液压支架的工作阻力，可以减小煤壁的片帮程度。通过对赵庄煤矿 3305 工作面的现场观测，支架工作阻力增大后，煤壁片帮的情况显著减小，如图 4-15 所示。

图 4-15　工作面煤壁片帮情况

4.5.3 煤体的破裂角及节理面倾角对煤壁片帮的影响

煤体中的裂隙按成因可分为内生裂隙和外生裂隙两类。

（1）内生裂隙：内生裂隙有大致互相垂直的两组，即主要垂直裂隙和次要垂直裂隙，如图 4 – 16 所示[130]。

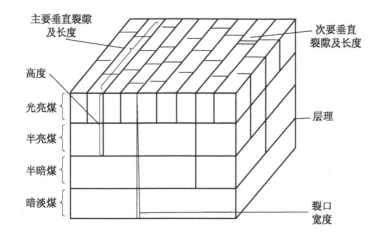

图 4 – 16　垂直裂隙系统

（2）外生裂隙：外生裂隙分为剪性外生裂隙，张性外生裂隙和劈理。主要特点是：裂隙发育不受煤岩类型的限制，外生裂隙面可以与层理面以任何角度相交。

太原理工大学赵理中教授以山西汾西矿业集团有限责任公司辛置煤矿和两渡煤矿的曲轴部裂隙发育为研究对象，从构造条件和围岩组分两个方面研究了煤层中小断层的分布规律。研究表明，从定量的角度预测小断层的发育程度是可行的。通过现场实测证明，煤体中的外生裂隙与断层发育有直接关系，断层发育地带，外生裂隙也必然发育[131]。太原理工大学宋选民教授通过对山西潞安矿区构造裂隙分布特征的研究，得出了潞安矿区主采煤层的构造控制裂隙一般发育有 1~2 组，最发育的裂隙为 NEE 或 NE 方位，第二组裂隙为 NNW 或 NW 方位，最发育的裂隙分布方位与矿区控制性断裂构造的走向相一致，第二组裂隙展布方向与矿区褶曲构造轴线走向基本一致[132]。

查明煤体中外生裂隙的分布特征，就可以分析不同裂隙方位在矿山压力作用下的变形演变规律及煤体破坏特征，图 4-17 为潞安集团王庄煤矿 6102 工作面、晋城煤业集团古书院煤矿和大同煤矿集团公司忻州窑煤矿的裂隙分布与工作面相对的位置关系[133]。

在超前支承压力的作用下，随着顶板岩层的周期性垮落，工作面前方的煤体裂隙比较发育。太原理工大学杨双锁教授等人通

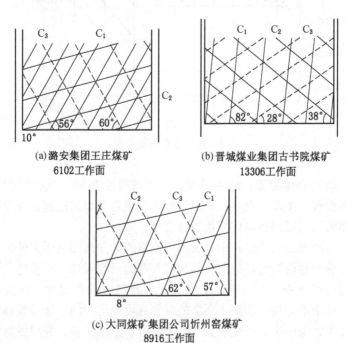

(a) 潞安集团王庄煤矿
6102工作面

(b) 晋城煤业集团古书院煤矿
13306工作面

(c) 大同煤矿集团公司忻州窑煤矿
8916工作面

图 4-17　裂隙分布与工作面位置的相互关系

过研究得出三种煤体的破裂角及节理面倾角对煤壁片帮的影响类型：

第一种类型：在围岩压力一定的情况下，当节理面倾角增大到 $\beta = 45° + \dfrac{\varphi_j}{2}$ 时，破裂面上的剪应力最大，此时断面最容易破坏。

第二种类型：如果破裂面与节理面平行，在垂直应力的作用下，节理面将会闭合。由于节理面之间摩擦力的存在，一般不会导致煤壁片帮，只会引起节理贯穿。

第三种类型：如果破裂面与节理面不平行，破裂面则会与节理面相割，使支承压力高峰区的煤体形成块状结构，块状煤体则会在水平拉应力的作用下挤出煤体，形成煤壁片帮。

4.5.4 基本顶回转角对煤壁片帮的影响

通过对赵庄煤矿 3305 软煤层大采高工作面煤壁片帮的现场观测表明，工作面来压期间煤壁片帮的深度、垂直高度和范围均比非来压期间要大，实质上是在工作面的推进过程中，基本顶岩梁发生周期性运动，导致工作面顶板的下沉加剧，这种运动将迫使直接顶岩层产生变形或破断。由于基本顶运动的回转角不同，在直接顶上部岩层中形成拉断区，在工作面煤壁及端面处形成压缩塑性变形区，已经破断的基本顶岩块要产生回转失稳或变形失稳，进而使基本顶在相同转角下所形成的破坏区连起来，形成了基本顶失稳对直接顶的剪切破坏带，该带的位置与基本顶的断裂位置有关。特别是在压缩破坏区内岩体的块度及其排列，将决定着工作面煤壁能否片帮，而裂隙的密度在很大程度上又决定着端面处煤体的块度。在超前支承压力作用下已处于塑性破坏区内的工作面前方煤体，在基本顶回转失稳的作用下迫使工作面煤壁顶煤产生位移，但是由于赵庄煤矿 3 号煤层节理面与基本顶回转引起的剪切破坏带方向一致，使工作面前方煤体呈碎裂块体状态，此种状态下，煤体的抗剪能力则较低，再加上煤体节理面的倾角较大，面－面之间的摩擦力较小，煤壁控制的难度增大，因此，基本顶来压期间是工作面煤壁及端面处于最难控制的时期。可以通过增大液压支架工作阻力来缓解部分压力。

4.5.5　工作面停采时间的长短对煤壁片帮的影响

通过现场观测，在3305软煤层大采高综采工作面停产期间，煤壁片帮的现象较多。主要原因是由于煤壁处于超前支承压力峰后压碎状态，在残余应力的作用下，煤壁塑性变形随时间的延长蠕变变形增大。由此得出，加快工作面推进速度有利于防止煤壁片帮。

由赵庄煤矿3305工作面矿山压力观测结果可知，顶板的下沉量基本上与停采时间成正比，停采时间越长，则顶板的下沉量越大，对煤壁的压缩破坏也越严重。同时，由于破裂面与节理面不平行，而是两面有一定的夹角，在"面－面"相对位移量较小时，两节理面间的摩擦力增大；当"面－面"相对位移量较大时，则表现为沿节理面的大位移量，使工作面煤壁发生严重片帮事故。所以，工作面停采时间的长短，也是导致煤壁片帮的一个主要原因。

4.5.6　工作面俯斜、仰斜开采对煤壁片帮的影响

现场观测表明，软煤层大采高工作面俯斜开采比仰斜开采对防治煤壁片帮较为有利，主要是因为：尽管煤壁具有一定的自承能力，但是加大采高后，煤壁局部块段由于裂隙影响处于受力较小或不受力的状态，当对煤层进行仰斜开采时，处于裂隙影响处的这部分煤体由于自重作用而发生垮落，垮落后又引起其他块体的垮落，产生连锁反应，造成工作面煤壁的大面积片帮；而仰斜开采时，顶板的压力指向工作面煤壁，由于煤壁本身处于临界状态，顶板产生的压力更加剧了煤壁的片帮，所以，采高越大，仰斜产生煤壁片帮的可能性越大。

4.5.7 支架－围岩关系对煤壁片帮的影响

工作面液压支架一定的初撑力和工作阻力能保证直接顶不过的早产生离层或者是产生的离层量较小。在"支架－煤壁－直接顶"组成的力学系统中，直接顶的变形、旋转增加了工作面煤壁片帮的可能性，增大液压支架的初撑力和工作阻力可有效地控制直接顶的变形、旋转，降低煤壁局部的应力集中系数，对降低煤壁片帮发生的可能性概率效果显著。

通过对赵庄煤矿 3305 软煤层大采高综采工作面煤壁片帮形式的分析，可以看出该工作面煤壁片帮类型较多，但在现场的观测中，图4－18 所示的类型占的比例较大，增大支架的初撑力和工作阻力后，煤壁片帮现象有较大幅度的减少。

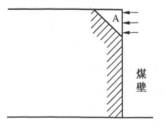

图 4－18　煤壁片帮形式

如果施加给工作面煤壁上部煤体一个垂直于煤壁的力 N，则会阻止 A 区煤壁的垮落，能有效地防止工作面煤壁片帮。

4.6　防治煤壁片帮的措施

软煤层大采高综采工作面煤壁片帮以及由其引起的工作面顶板端面冒落的防治，一方面可以从改进工作面机械装备上进行，另一方面可以从优化煤层开采工艺上进行，主要防治措施有：

（1）改进液压支架顶梁端部结构，加装防片帮板。据统计，大采高工作面煤壁片帮程度的大小与是否采用支架护帮板有较大的关系。这是因为在超前支承压力的作用下，当塑性区内的煤体产生水平位移时，会受到支架护帮板对煤体运动的抑制作用。使用护帮板并紧靠煤壁时煤壁片帮的程度会大幅度减少。经现场观测，如不使用护帮板支护下的煤壁片帮概率大约为有支护下的

2.5 倍。所以，在软煤层大采高综采的条件下，要尽最大可能地提高支架护帮板的使用率。在工作面机组割煤前，提前采煤机 1~2 架支架收起支架的护帮板；采煤机割煤后，立即打开支架的护帮板。

（2）提高液压支架的初撑力和工作阻力。尽可能地提高工作面乳化液泵站的供液压力或者选择高压泵站 32.0~35.0 MPa 的供液系统，并安设压力指示器，正确操作移架后，必须及时升起工作面液压支柱。必须安设大采高液压支架初撑力保持阀，以提高支架的初撑力。同时要及时更换损坏立柱，不合格的供液管路和密封胶圈，以保证支架足够的初撑力。

（3）提高 3 号煤体的强度。由于赵庄煤矿 3305 工作面地质条件极其复杂，特别是当通过断层、煤岩破碎带或基本顶来压时要及时加固煤壁，以提高"支架—煤壁—直接顶"的整体强度。当煤岩比较破碎时，采用马丽散固化方法或其他固化方法予以加固；当工作面煤壁出现较大块度的片帮且煤壁自身具有一定的稳定性时，可以采用降低采煤机的截割深度和木锚杆锚固煤壁这两种方法。

（4）改进工作面回采工艺和设备操作技术。采用先拉架后推刮板输送机的方法，使支架顶梁顶住工作面煤壁，采煤机采底煤，如留有部分粘顶煤，则利用液压支架的顶梁将粘顶煤铲落。当软煤层大采高综采工作面出现局部片帮和大采高支架歪倒、钻底和咬架等现象时，要及时对支架进行调整。

5 软煤层大采高综采采场
底板损伤破坏理论研究

多年来，国内外许多专家、学者对煤层底板岩层应力分布、变形破坏特征、运动规律等方面进行了很多有益的探索，取得了大量的研究成果，如"零位破坏与原位张裂""底板关键层"和"下三带"等理论，这些理论对于煤矿的安全高产高效起到了积极的作用。

研究软煤层大采高综采采场底板岩层的应力分布规律，对于掌握底板岩层变形及破坏规律特征、预测瓦斯释放层的卸压范围和底板突水、确定巷道的合理位置布置、工作面超前支护等方面具有十分重要的意义。本章在前人研究成果的基础上，采用理论分析和现场实测的方法对软煤层大采高采动条件下煤层底板应力场及运动规律做进一步研究。

5.1 煤层底板岩体的应力状态

5.1.1 底板岩体的原岩应力状态

瑞士学者海姆首先提出了地应力处于静水压力状态的理论，认为地应力的垂直分量和水平分量相等，可以用岩体的容重 γ 和赋存深度 H 的乘积予以确定[134,135]。

1925 年，苏联学者金尼克在弹性理论分析的基础上，提出了地应力的垂直应力为 $\sigma_v = \gamma \cdot H$；水平应力为 $\sigma_H = \dfrac{\nu}{1-\nu}\gamma \cdot H$。

这两种应力假设至今仍指导着地下工程的设计和施工，在地面较为平缓的情况下，经现场测试，应用这两种理论计算出的重力场基本上都是正确的，但是在条件假设中并没有考虑到构造应力场的作用。

为了更加准确地确定原岩应力场，很多国家和地区的专家、学者陆续开展了地应力的实测与研究工作，挪威学者提出了岩体水平应力的表达式为[136]：

$$\sigma_H = \gamma \cdot H \cdot \left(\frac{\nu}{1 - \nu} + K_t \right) \qquad (5 - 1)$$

式中 K_t——构造应力系数。

我国的一些地质专家、学者也对部分地区的地应力进行了实测与研究，根据实测资料进行统计分析后得出了埋深 500 m 以内的地应力计算公式为：

$$\sigma_{H\max} = \sigma_V \cdot \left(\frac{150}{H} + 1.4 \right) \qquad (5 - 2)$$

$$\sigma_{H\min} = \sigma_V \cdot \left(\frac{128}{H} + 0.5 \right) \qquad (5 - 3)$$

式中 $\sigma_{H\max}$——最大水平地应力；

$\sigma_{H\min}$——最小水平地应力；

σ_V——最大垂直地应力；

H——岩体的赋存深度。

5.1.2 底板岩体支承压力的分布

煤层开采以后，岩体处于自然平衡状态的原始应力遭到破坏，原始应力重新分布，工作面周围出现应力变化区。同时，煤层底板岩层中的应力状态也经历一系列的变化过程。

对于软煤层大采高长壁工作面开采而言，当工作面自开切眼向前推进一段距离后，采空区上方的直接顶受力超过其自身强度时，将产生断裂、垮落。直接顶岩层垮落后，基本顶岩层一般情况下较为完整，上覆岩层的重量则由基本顶传递给回采空间两侧的煤体上。随着工作面继续向前推进，采空区跨度逐渐增大，当基本顶所承受的载荷超过其自身强度时，基本顶岩层也将开始断裂、垮落，形成工作面的初次来压和周期来压。下位直接顶岩层垮落后冒落的矸石随着远离工作面而被上覆岩层的向下运动逐渐压实，使其上部未产生冒落的岩层在不同程度上重新得到支撑。根据工作面上覆岩层的破坏特征和结构特点，软煤层大采高综采工作面推过后，采空区上覆岩层由下往上的移动一般可分为"三带"，即：垮落带、裂隙带和弯曲下沉带，此时煤层底板支承压力分布如图 5 - 1 所示[137]。

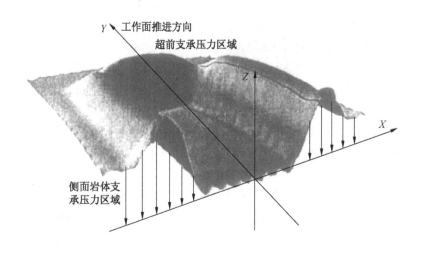

图 5 - 1 煤层底板支承压力分布图

由图 5 - 1 可知，煤层底板岩层面支承压力峰值在工作面煤壁前方一定的范围内，其距离工作面煤壁的远近取决于煤层弹塑性变形的大小。研究结果表明[16]，长壁工作面超前支承压力峰值位置一般距离煤壁 4.0 ~ 8.0 m，影响范围为 40.0 ~ 60.0 m，少数可达 60.0 ~ 80.0 m，应力增高系数 K 一般为 2.5 ~ 3.0。侧向支承压力影响范围一般为 15.0 ~ 30.0 m, 少数可达 35.0 ~ 40.0 m, 应力增高系数 K 一般为 2.0 ~ 3.0。通过对赵庄煤矿 3305 软煤层大采高综采工作面煤壁前方打钻孔安装钻孔应力计的方法, 测量超前支承压力。经过对现场观测数据的分析, 得出当测点距离工作面 60.0 m 左右时, 超前支承压力开始增大, 当测点距离工作面 20.0 m 左右时, 支承压力达到最大值, 即超前支承压力峰值位置距离工作面煤壁 20.0 m, 比一般长壁工作面的超前支承压力峰值位置距离工作面煤壁要高出 2.5 ~ 5.0 倍, 影响范围为 60.0 m 左右, 应力增高系数 K 为 2.3 ~ 4.7。在采空区内形成后支承压力, 工作面推过一定的距离后, 采空区上覆岩层活动将趋于稳定, 采空区某些地段冒落的矸石被逐渐压实, 使得上部未冒落岩块在不同程度上重新得以支撑, 所以距工作面一定距离的采空区范围内, 存在较小的后支承压力。而距工作面一定距离外的底板岩层一般只恢复到略大于或等于或略小于原岩应力的后支承压力。侧支承压力和超前支承压力在工作面两个顺槽与工作面空间交叉点处会合形成较高的叠合支承压力, 叠合支承压力的应力增高系数 K 可达 5.0 ~ 7.0, 有时可能会更高。

综合所述, 为求解软煤层大采高综采采场底板岩层变形破坏规律, 必须首先从工作面前方支承压力载荷和采空区底板载荷这两个方面分别予以分析。

（1）工作面前方支承压力载荷。为了简化计算, 假设在极限平衡区内支承压力从工作面煤壁到支承压力峰值位置按照线性规律递增, 即由 0 增长到最大值; 在弹性区域内支承压力从峰值位置到其影响边界按照线性规律递减, 即由峰值减小到原岩自重应力, 则支承压力 q_{fb} 为:

$$q_{fb} = \gamma H \cdot \frac{(1+K) \cdot M - l}{2M} \qquad (5-4)$$

式中　　l——工作面煤壁到支承压力峰值位置的距离, m;

M——煤壁到支承压力影响边界的距离，m；

    γ——上覆岩层的体积力，kN/m^3；

    H——岩体赋存深度，m；

    K——支承压力影响系数。

通过前面的实测数据分析，工作面煤壁到支承压力峰值位置的距离 l 为 20.0 m，煤壁到支承压力影响边界的距离 M 为 60.0 m，上覆岩层的体积力 γ 取 26.5 kN/m^3，煤层的赋存深度 H 取 500.0 m。K 取经验值 2.35 ~ 4.77。则赵庄煤矿 3305 软煤层大采高综采工作面前方的支承压力 q_{fb} 为 20 ~ 36 MPa。

（2）工作面后方采空区底板载荷。工作面推过一定的距离后，直接顶岩层充分垮落，随着工作面向前继续推进，采空区上覆岩层活动将趋于稳定，采空区内某些地段垮落的矸石被逐渐压实。则采空区范围内底板的载荷 q_{bp} 为：

$$q_{bp} = \gamma(H - M) \tag{5-5}$$

式中 M——煤层开采厚度。

3 号煤层的平均开采厚度 M 为 5.5 m，则赵庄煤矿 3305 工作面后方采空区范围内底板的载荷 q_{bp} 为 13 MPa。

5.2 软煤层大采高综采采场围岩应力及工作面边缘岩体破坏区计算

5.2.1 采场围岩应力的理论计算公式

对于软煤层大采高综采长壁工作面开采而言，假设工作面在推进方向上的横截面为矩形，且工作面开采高度远远小于开采的宽度，建立的采场围岩应力计算模型如图 5-2 所示[138~140]。

设 3305 软煤层大采高综采工作面的长度 $L = 2a$，在采场无限远处，煤体受到垂直地应力及构造应力耦合作用的结果。

应用 Westergard 应力函数，并在此函数上增加一项 $\dfrac{A}{2}(x^2 -$

软煤层大采高综采采场围岩控制理论及技术研究

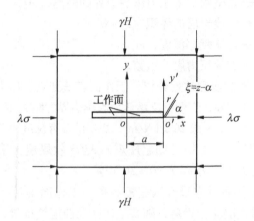

图 5-2　采场围岩应力计算模型

y^2），则

$$\varphi = \mathrm{Re}\,\bar{\bar{z}} + y\,\mathrm{Im}\,\bar{z} + \frac{A}{2}(x^2 - y^2) \qquad (5-6)$$

式中　$\bar{\bar{z}}$——复变解析函数；

　　　$\bar{z}$——复变非解析函数；

　　　A——常数。

由式（5-6）可求出各应力分量的大小为

$$\sigma_x = \frac{\partial^2 \varphi}{\partial y^2} = \mathrm{Re}\,z - y \cdot \mathrm{Im}\,z' - A \qquad (5-7)$$

$$\sigma_y = \frac{\partial^2 \varphi}{\partial x^2} = \mathrm{Re}\,z + y \cdot \mathrm{Im}\,z' + A \qquad (5-8)$$

$$\tau = -\frac{\partial^2 \varphi}{\partial x \partial y} = -y \cdot \mathrm{Re}\,z' \qquad (5-9)$$

由图 5-2 可知，该问题的边界条件有 3 个，分别为

（1）当 $y=0$，$x \to \pm\infty$ 时，$\sigma_x = \lambda \cdot \sigma$、$\sigma_y = \sigma$，即远离工作面采场位置处应力集中现象消失；

104

（2）当 $y=0$， $|x|>a$ 时， $\sigma_y>\sigma$， x 越接近 a， σ_y 越大，即工作面采场边缘位置处存在应力集中的现象；

（3）当 $y=0$， $|x|<a$ 时， $\sigma_y=0$，即在工作面采场内部上下表面没有应力集中的现象。

为了满足边界条件（2）、（3），则 $y=0$， $\sigma_y=\dfrac{\sigma}{\sqrt{1-\left(\dfrac{a}{x}\right)^2}}$。

当 $y=0$ 时，式（5-8）变为

$$\sigma_y=\frac{\partial^2\varphi}{\partial x^2}=\mathrm{Re}z+y\cdot\mathrm{Im}z'+A=\mathrm{Re}z+A$$

即：

$$\sigma_y=\mathrm{Re}z+A=\frac{\sigma}{\sqrt{1-\left(\dfrac{a}{x}\right)^2}}=0$$

$$\mathrm{Re}z=\frac{\sigma}{\sqrt{1-\left(\dfrac{a}{x}\right)^2}}-A=\frac{\sigma\cdot x}{\sqrt{x^2-a^2}}-A \qquad (5-10)$$

当 $y\neq0$ 时， x 可以用 $z=x+yi$ 来替换，则：

$$\mathrm{Re}z=\frac{\sigma\cdot z}{\sqrt{z^2-a^2}}-A \qquad (5-11)$$

为了满足边界条件（1），结合式（5-7）、式（5-8）、式（5-9）和式（5-11）可得：

$$\sigma_x=\mathrm{Re}z-A=\lim_{x\to\infty}\left[\frac{\sigma}{1-\left(\dfrac{a}{x}\right)^2}-A\right]-A=\sigma-2A \qquad (5-12)$$

$$\sigma_y=\mathrm{Re}z+A=\lim_{x\to\infty}\left[\frac{\sigma}{1-\left(\dfrac{a}{x}\right)^2}-A\right]+A=\sigma \qquad (5-13)$$

根据边界条件（1），代入式（5-12）和式（5-13）可计

算出 $A = \dfrac{(1-\lambda) \cdot \sigma}{2}$，故：

$$\mathrm{Re}z = \frac{\sigma \cdot z}{\sqrt{z^2 - a^2}} = \frac{(1-\lambda) \cdot \sigma}{2} \qquad (5-14)$$

由图 5 - 2 可知，在软煤层大采高综采工作面采场的端部，$r \ll a$，$\xi = z - a \to 0$，$z = \sigma \cdot \sqrt{\dfrac{a}{2}} \xi^{0.5} - \dfrac{(1-\lambda) \cdot \sigma}{2}$，展开得：

$$z = \left[\sigma \cdot \sqrt{\frac{a}{2r}} \cos \frac{\alpha}{2} - \frac{(1-\lambda) \cdot \sigma}{2} \right] - i \left(\sigma \cdot \sqrt{\frac{a}{2r}} \sin \frac{\alpha}{2} \right)$$
$$(5-15)$$

$$z' = -\frac{\sigma}{2r} \cdot \sqrt{\frac{a}{2r}} \cdot \cos \frac{3\alpha}{2} + i \left(\frac{\sigma}{2r} \cdot \sqrt{\frac{a}{2r}} \sin \frac{3\alpha}{2} \right) \qquad (5-16)$$

将式（5 - 15）、式（5 - 16）代入式（5 - 7）、式（5 - 8）和式（5 - 9）中，得：

$$\sigma_x = \sqrt{\frac{a}{2r}} \cdot \cos \frac{\alpha}{2} \cdot \left(1 - \sin \frac{\alpha}{2} \sin \frac{3\alpha}{2} \right) \cdot \sigma - (1-\lambda) \cdot \sigma$$
$$(5-17)$$

$$\sigma_y = \sqrt{\frac{a}{2r}} \cdot \cos \frac{\alpha}{2} \cdot \left(1 + \sin \frac{\alpha}{2} \sin \frac{3\alpha}{2} \right) \cdot \sigma \qquad (5-18)$$

$$\tau_{xy} = \left(\sqrt{\frac{a}{2r}} \cos \frac{\alpha}{2} \sin \frac{\alpha}{2} \sin \frac{3\alpha}{2} \right) \cdot \sigma \qquad (5-19)$$

把 $\sigma_x = \lambda \cdot \sigma$ 和 $L_x = 2a$ 代入式（5 - 17）、式（5 - 18）和式（5 - 19）中，得：

$$\sigma_x = \frac{\gamma H}{2} \cdot \sqrt{\frac{L_x}{r}} \cdot \cos \frac{\alpha}{2} \cdot \left(1 - \sin \frac{\alpha}{2} \sin \frac{3\alpha}{2} \right) - (1-\lambda) \cdot \gamma H$$
$$(5-20)$$

$$\sigma_y = \frac{\gamma H}{2} \cdot \sqrt{\frac{L_x}{r}} \cdot \cos \frac{\alpha}{2} \cdot \left(1 + \sin \frac{\alpha}{2} \sin \frac{3\alpha}{2} \right) \qquad (5-21)$$

$$\tau_{xy} = \frac{\gamma H}{2} \cdot \sqrt{\frac{L_x}{r}} \cdot \cos\frac{\alpha}{2} \cdot \sin\frac{\alpha}{2} \cdot \cos\frac{3\alpha}{2} \qquad (5-22)$$

由式（5-20）~式（5-22）可知，软煤层大采高综采采场的开采宽度（工作面长度）越大，工作面围岩内的应力集中程度也就越高。

5.2.2　工作面边缘岩体破坏区的计算

根据弹性力学理论，求解平面问题主应力的计算公式为：

$$\sigma_1 = \frac{\sigma_x}{\sigma_y} + \sqrt{\left(\frac{\sigma_x - \sigma_y}{2}\right)^2 + \tau_{xy}} \qquad (5-23)$$

$$\sigma_2 = \frac{\sigma_x}{\sigma_y} - \sqrt{\left(\frac{\sigma_x - \sigma_y}{2}\right)^2 + \tau_{xy}} \qquad (5-24)$$

由于 $r \ll L_x$，故式（5-20）可化简为：$\sigma_x = \frac{\gamma H}{2} \cdot \sqrt{\frac{L_x}{r}} \cdot \cos\frac{\alpha}{2} \cdot$ $\left(1 - \sin\frac{\alpha}{2}\sin\frac{3\alpha}{2}\right)$。在平面应力状态下，$\sigma_3 = 0$；在平面应变条件下，$\nu(泊松比) = \frac{\sigma_1 + \sigma_2}{\sigma_3}$，即：$\sigma_3 = \frac{\sigma_1 + \sigma_2}{\nu}$。

将式（5-20）、式（5-21）和式（5-22）代入式（5-23）和式（5-24），得到：

$$\sigma_1 = \frac{\gamma H}{2}\sqrt{\frac{L_x}{r}}\cos\frac{\alpha}{2}\left(1 + \sin\frac{\alpha}{2}\right) \qquad (5-25)$$

$$\sigma_2 = \frac{\gamma H}{2}\sqrt{\frac{L_x}{r}}\cos\frac{\alpha}{2}\left(1 - \sin\frac{\alpha}{2}\right) \qquad (5-26)$$

在平面应力的状态下：

$$\sigma_3 = 0 \qquad (5-27)$$

在平面应变的状态下：

$$\sigma_3 = \nu\gamma H\sqrt{\frac{L_x}{r}}\cos\frac{\alpha}{2} \qquad (5-28)$$

5.2.2.1 平面应力状态下软煤层大采高综采采场边缘破坏区的计算

根据 Coulomb – Mohr 准则：

$$R_c = \sigma_1 - \frac{1 + \sin\varphi_0}{1 - \sin\varphi_0} \cdot \sigma_3 \qquad (5-29)$$

式中　R_c——岩石的抗压强度；

　　　φ_0——岩石的内摩擦角。

将式（5-25）和式（5-27）代入式（5-29），得软煤层大采高综采工作面边缘破坏区的边界方程：

$$r = \frac{\gamma^2 H^2 L_x}{4R_c^2} \cdot \cos^2\frac{\alpha}{2} \cdot \left(1 + \sin\frac{\alpha}{2}\right)^2 \qquad (5-30)$$

当 $\alpha = 0$ 时，从式（5-30）中可以得出软煤层大采高综采工作面边缘水平方向的破坏区 r_0 为：

$$r_0 = \frac{\gamma^2 H^2 L_x}{4R_c^2} \qquad (5-31)$$

由式（5-30）可以绘出软煤层大采高综采采场边缘由于应力集中造成的屈服破坏区形状[141]，如图 5-3 所示。

由图 5-3 可知，垂直于所开采煤层方向的底板岩层的破坏

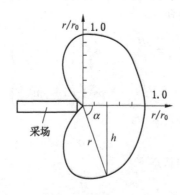

图 5-3　采场边缘岩体屈服破坏区形状

深度为：

$$h = r \cdot \sin\alpha \qquad (5-32)$$

将式（5-30）代入式（5-32），得：

$$h = \frac{\gamma^2 H^2 L_x}{4R_c^2} \cdot \cos^2\frac{\alpha}{2} \cdot \left(1 + \sin\frac{\alpha}{2}\right)^2 \cdot \sin\alpha \qquad (5-33)$$

式（5-33）对 α 求一阶导数，并令 $\frac{\mathrm{d}h}{\mathrm{d}\alpha} = 0$，则：

$$6\sin^3\frac{\alpha}{2} + 4\sin^2\frac{\alpha}{2} - 3\sin\frac{\alpha}{2} - 1 = 0 \qquad (5-34)$$

由式（5-34）可以解得：

$$\sin\frac{\alpha}{2} = \frac{\sqrt{7}+1}{6} \qquad (5-35)$$

则：$\alpha \approx 74.836°$。

将式（5-35）代入式（5-33），得到软煤层大采高综采采场边缘底板岩层的最大破坏深度 $h_{\max}$ 为：

$$h_{\max} = \frac{157\gamma^2 H^2 L_x}{400R_c^2} \qquad (5-36)$$

由式（5-36）可知，软煤层大采高综采采场边缘底板岩层的最大破坏深度 $h_{\max}$ 与工作面的长度成正比，与岩体原始应力的平方成正比，与岩体的抗压强度的平方成反比。

赵庄煤矿 3305 工作面的长度为 219.75 m，结合该矿 3 号煤层底板岩层综合柱状图，底板 50 m 范围内岩体的平均抗压强度取 30.0 MPa，上覆岩层的体积力 γ 取 26.5，煤层的赋存深度 H 取 500.0 m，将上述参数代入式（5-36），得到赵庄煤矿软煤层大采高综采平面应力状态下采场边缘底板岩层的最大破坏深度 $h_{\max}$ 为 16.8 m。

由图 5-3 可以求出软煤层大采高综采采场边缘底板岩层的最大破坏深度 $h_{\max}$ 距工作面端部的最大水平距离 $L_{\max}$ 为：

$$L_{\max} = \frac{1.57\gamma^2 H^2 L_x}{4R_c^2 \cdot \tan\alpha} = \frac{21\gamma^2 H^2 L_x}{200R_c^2}$$

代入相关参数到上式，得到赵庄煤矿软煤层大采高综采平面应力状态下采场边缘底板岩层的最大破坏深度 h_{max} 距工作面端部的最大距离 L_{max} 为 4.5 m。

5.2.2.2　平面应变状态下软煤层大采高综采采场边缘破坏区的计算

将式（5 – 25）、式（5 – 26）和式（5 – 28）代入 Coulomb – Mohr 准则，得到：

$$R_c = \frac{\gamma H}{2} \cdot \cos\frac{\alpha}{2} \cdot \sqrt{\frac{L_x}{r}} \left[\left(1 + \sin\frac{\alpha}{2}\right) - 2K\nu \right] \quad (5 – 37)$$

平面应变状态下软煤层大采高综采采场边界破坏区的边界方程：

$$r' = \frac{\gamma^2 H^2 L_x}{4R_c} \cdot \cos^2\frac{\alpha}{2} \cdot \left(1 + \sin\frac{\alpha}{2} - 2K\nu\right)^2 \quad (5 – 38)$$

当 $\alpha = 0$ 时，从式（5 – 38）中可以得出软煤层大采高综采工作面边缘水平方向的破坏区 r_1 为：

$$r_1 = \frac{\gamma^2 H^2 L_x}{4R_c} \cdot (1 - 2K\nu)^2 \quad (5 – 39)$$

把式（5 – 38）代入式（5 – 32）可得采场边缘底板岩层的破坏深度 h' 为：

$$h' = r'\sin\alpha = \frac{\gamma^2 H^2 L_x \sin\alpha}{4R_c} \cdot \cos^2\frac{\alpha}{2} \cdot \left(1 + \sin\frac{\alpha}{2} - 2K\nu\right)^2$$

$$(5 – 40)$$

式（5 – 40）对 α 求一阶导数，同时令 $\dfrac{\mathrm{d}h'}{\mathrm{d}\alpha} = 0$，则：

$$6\sin^3\frac{\alpha}{2} + 4(1 - 2K\nu)\sin^2\frac{\alpha}{2} - 3\sin\frac{\alpha}{2} - (1 - 2K\nu) = 0$$

$$(5 – 41)$$

对于具体问题，K 值和 ν 值为已知，由式（5 – 41）可直接求出 α，将 α 值代入式（5 – 40），即可求得平面应变状态下软煤层大采高综采采场边缘底板岩体的最大破坏深度 h'。

代入相关参数到式（5－40），得到平面应变状态下赵庄煤矿 3305 工作面软煤层大采高综采采场边缘底板岩体的最大破坏深度 h' 为 17.2 m。

5.3 底板岩层的破坏深度

软煤层大采高综采工作面煤壁边缘一定范围内的底板岩层，当作用在其上的支承压力达到或超过其抗压强度的临界值时，底板岩层形成塑性区。当支承压力达到部分底板岩层完全破坏的最大载荷时，在支承压力作用区域周围的岩体，其塑性区将连成一片，在工作面后方采空区的底板上产生底鼓。已经发生塑性变形的底板岩层将向采空区内移动，形成一个连续的滑移线场，与未产生塑性破坏的岩体之间出现滑移面。此时，滑移线界面内的底板岩体遭到的破坏最为严重[142]。

通过大量的压模试验及现场经验，魏西克（A. S. Vesic）提出了岩土层产生塑性滑移时的极限承载力计算公式。本章采用经美国知信公司张金才博士加以修正后得到的底板岩体极限载荷公式：

$$P_{max} = (C\cot\beta + m\gamma H + \gamma x_a \tan\beta) \cdot e^{\pi \cdot \tan\beta} \cdot \tan^2\left(\frac{\pi}{4} + \frac{\beta}{2}\right) +$$

$$\gamma x_a \tan\beta - C\cot\beta \qquad (5-42)$$

式中　P_{max}——底板岩层完全破坏时的最大载荷；

　　　　x_a——工作面煤壁前方屈服区的长度。

　　　　C——岩体的内摩擦力。

底板岩层的塑性区的边界，即滑移线场，如图 5-4 所示。

图 5-4 所示底板屈服破坏带由 I 区、II 区和 III 区组成。I 区为主动极限区，由 a 点、a' 点和 b 点 3 个点圈定的范围；II 区为过渡区，由 a 点、b 点和 c 点 3 个点圈定的范围，其滑移线一组由一对数螺线组成，另一组为自 a 为起点的放射线；III 区为被

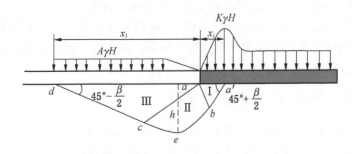

图 5-4 支承压力所形成的底板屈服破坏深度

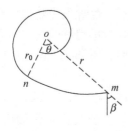

图 5-5 对数螺线示意图

动极限区，由 a 点、c 点和 d 点 3 个点圈定的范围，其滑移线各由两组直线组成。

对于过渡区 Ⅱ 区的对数螺线示意图如图 5-5 所示，其方程为：

$$r = r_0 \cdot e^{\theta \cdot \tan\beta} \qquad (5-43)$$

从图 5-4 中所示的超前支承压力所形成的底板屈服破坏区的形成及发展过程中，我们可以得出在软煤层大采高综采工作面开采的过程中，随着工作面的推进，煤层底板岩层产生底鼓现象的原因是：当煤层开始回采后，在采空区四周的底板岩层中将产生支承压力，当支承压力作用在主动极限区（Ⅰ区）时，支承压力超过其所能承受的压力极限强度，主动极限区中的岩体将产生塑性变形，由于这部分岩体在垂直方向上受到压缩，则在水平方向上该区域部分岩体必然会发生膨胀，膨胀的底板岩体挤压过渡区（Ⅱ区）的岩体，同时将应力传递到该区。Ⅱ区的岩体继续挤压被动区（Ⅲ区），由于Ⅲ区是采空区，且采空区为临空面，从而Ⅱ区和Ⅲ区的岩体在Ⅰ区传递来的力的作用下向采空区内膨胀，定义该过程为底板岩层的压延作用。这一运动过程为：Ⅰ区岩体竖向受压→Ⅰ区岩体产生横向延伸→推动Ⅱ区和Ⅲ区的岩体向采空区膨胀→Ⅲ区产生底鼓。

为了计算方便,根据图5-4绘制了软煤层大采高综采工作面支承压力所形成的底板屈服破坏深度的计算简图,如图5-6所示。

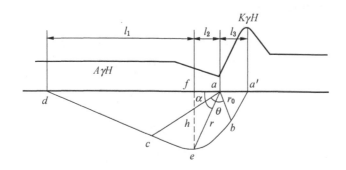

图5-6 支承压力所形成的底板屈服破坏深度的计算简图

由图5-6中底板岩层极限塑性区的几何尺寸,可以确定出底板岩层在支承压力作用下的极限塑性破坏区的最大深度 $h_{\max}$。

在$\triangle aa'b$中,

$$ab = r_0 = \frac{x_0}{2\cos\left(\dfrac{\beta}{2} + \dfrac{\pi}{4}\right)} = \frac{l_3}{2\cos\left(\dfrac{\beta}{2} + \dfrac{\pi}{4}\right)} \qquad (5-44)$$

在$\triangle aef$中,

$$h = r \cdot \sin\alpha \qquad (5-45)$$

$$\alpha = \frac{\pi}{2} - \left(\frac{\pi}{4} - \frac{\beta}{2}\right) - \theta \qquad (5-46)$$

把式(5-44)、式(5-46)代入式(5-45),得:

$$h = r_0 \cdot e^{\theta \cdot \tan\beta} \cdot \cos\left(\theta + \frac{\beta}{2} - \frac{\pi}{4}\right) \qquad (5-47)$$

令 $\dfrac{\partial h}{\partial \theta}=0$，则底板岩层破坏区的最大深度 h_{max} 为：

$$\frac{\partial h}{\partial \theta} = r_0 e^{\theta \cdot \tan\beta} \cdot \cos\left(\theta + \frac{\beta}{2} - \frac{\pi}{4}\right) \cdot \tan\beta -$$
$$r_0 e^{\theta \cdot \tan\beta} \cdot \sin\left(\theta + \frac{\beta}{2} - \frac{\pi}{4}\right) = 0 \qquad (5-48)$$

继续化简，得：

$$\cos\left(\theta + \frac{\beta}{2} - \frac{\pi}{4}\right) \cdot \tan\beta = \sin\left(\theta + \frac{\beta}{2} - \frac{\pi}{4}\right)$$

即：
$$\tan\beta = \tan\left(\theta + \frac{\beta}{2} - \frac{\pi}{4}\right)$$

则：
$$\theta = \frac{\beta}{2} + \frac{\pi}{4} \qquad (5-49)$$

把式（5-49）、式（5-44）代入式（5-47），得到煤层底板岩层的最大破坏深度 h_{max} 为：

$$h_{max} = \frac{l_3 \cdot \cos\beta}{2\cos\left(\dfrac{\beta}{2} + \dfrac{\pi}{4}\right)} \cdot e^{\left(\frac{\beta}{2} + \frac{\pi}{4}\right) \cdot \tan\beta} \qquad (5-50)$$

结合赵庄煤矿 3 号煤层底板岩层综合柱状图，底板岩层的内摩擦角取 25°，工作面煤壁到支承压力峰值位置的距离 l_3 为 20.0 m，代入相关参数到式（5-50），得到煤层底板岩层的最大破坏深度 h_{max} 为 26.91 m。

底板岩层的最大破坏深度距离工作面端部的水平距离 l_2 为：
$$l_2 = h_{max} \cdot \tan\beta \qquad (5-51)$$

代入相关参数到式（5-50），得到煤层底板岩层的最大破坏深度距离工作面端部的水平距离 l_2 为 12.55 m。

采空区内底板岩层沿水平面方向的最大破坏长度 l_1 为：
$$l_1 = l_3 \cdot \tan\left(\frac{\beta}{2} + \frac{\pi}{4}\right) \cdot e^{\frac{\pi}{2} \cdot \tan\beta} \qquad (5-52)$$

代入相关参数到式（5-50），得到赵庄煤矿采空区内底板岩层沿水平面方向的最大破坏长度 l_1 为 64.89 m。

　　由图 5 – 6 可见，在软煤层大采高综采工作面后方采空区 64.89 m 长度范围内的底板岩层中产生了塑性破坏。

　　在以上对软煤层大采高综采底板岩层破坏深度 h 和采空区内底板岩层沿水平方向破坏长度的计算过程中，需要煤层塑性区宽度 l_3 的值，该值可以通过井下现场实测得到，也可以通过第三章第三节的理论计算得到。

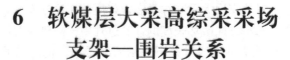

6 软煤层大采高综采采场
支架—围岩关系

在工作面推进方向上，整个工作面上覆岩层中，基本顶所形成的结构是由"工作面煤壁—工作面支架—采空区已垮落的矸石"支撑体系所支撑。从工作面垂直方向看，工作面支架处在一个由围岩组成的体系中。围岩包括工作面顶板、煤壁和底板。当底板较为坚硬时，支架—围岩关系主要为支架与顶板、煤壁这三者之间的关系。当底板较为软弱时，支架—围岩关系主要为支架与顶板、煤壁和底板这四者之间的关系。在支架—围岩相互作用体系中，基本顶的运动和作用具有主导型。围岩的变形、运动乃至破坏是绝对的，其运动状态影响着支架的工作状况和承载特性，而支架的工作状况又反过来影响到对顶板的支护效果。所以，不同的顶板结构及运动形态要求有不同的控制方式，围岩控制的侧重点不同，要求的支架结构及性能也不同[143]。

软煤层大采高工作面由于采高加大后，特别是采高达到 5.0 ～ 6.5 m 后，顶板、煤壁、底板的变形运动与普通采高有很大的不同，在普通采高中较为容易控制的一些矿山压力现象，在软煤层大采高综采工作面中将变的较难控制，如工作面煤壁片帮概率的增大，片帮后引起的端面冒、漏顶的概率也相应增大，从前面章节分析可知，大采高开采后，上覆岩层的破坏范围加大，所以，工作面支架应控制的范围也相应增大。

软煤层大采高综采支架必须具备较好的防片帮、防冒顶和防钻底的功能，支架结构和性能的设计在发挥这些功能的同时必须要留有较大的富余系数。

软煤层大采高综采工作面支架—围岩关系的实质就是要分析支架性能、结构对支架受力及围岩运动的影响，以及在软煤层大采高各种围岩状态下分析支架应具有的合理结构和参数。

6.1 软煤层大采高综采支架工作阻力与顶板下沉量的关系

支架工作阻力与顶板下沉量的关系是研究支架—围岩相互作用关系的一个重要内容，其目的就是通过控制工作面顶板的下沉量来确定液压支架合理的工作阻力，也可以通过"$P-\Delta L$"曲线来分析液压支架控制顶板下沉量的效果，但必须与工作面的实际条件相结合来进行分析。实践表明，在一些条件下，采用辅以护顶的措施改善顶板状况是可行的[144]。

软煤层大采高综采工作面的顶板下沉量的观测资料较少，特别是针对类似赵庄煤矿 3 号煤层的矿山压力观测资料更少。目前，在大采高工作面有效地矿山压力观测资料中，人们更加注重液压支架压力的观测，至今，没有系统、全面的关于软煤层大采高综采液压支架工作阻力与顶板下沉量关系的资料。

分析"$P-\Delta L$"的关系，假设直接顶的刚度为 K_1，工作面液压支架的刚度为 K_2，基本顶岩层的平均给定变形量为 ω_1，液压支架的下缩量为 ω_2，为计算方便起见，不考虑底板的刚度。则直接顶—工作面液压支架系统的刚度 K_t 为：

$$\frac{1}{K_t} = \frac{1}{K_1} + \frac{1}{K_2} \qquad (6-1)$$

直接顶—工作面液压支架系统由于变形受到的力 P_1 为：

$$P_1 = K_t \cdot \omega_3 = K_1 \cdot (\omega_1 - \omega_2) = K_2 \cdot \omega_2 \qquad (6-2)$$

式中 ω_3——直接顶—工作面液压支架系统总的刚度。

从式（6-2）可以得出，直接顶和工作面液压支架按照其本身的刚度来分配直接顶—工作面液压支架系统的刚度 ω_3。直接顶和工作面液压支架两者均符合刚度越大，变形量越小；刚度越小，变形量越大的关系。

令 $\omega_1 = 1.0 \text{ m}$，则顶板下沉量与 $\dfrac{K_1}{K_2}$ 的关系如图 6-1 所示。

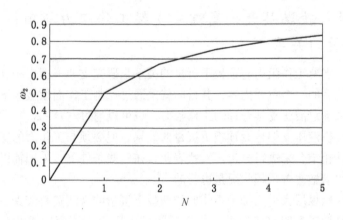

图 6-1　N 与 ω_2 的关系

从图 6-1 中可以得出，当 $K_1 \gg K_2$ 时，$\omega_1 = \omega_2$，即基本顶的下沉量全部由工作面液压支架承担；当直接顶的刚度为 $K_1 = 0$ 时，即基本顶的下沉量全部由直接顶承担。

太原理工大学弓培林博士给出了直接顶刚度 K 的计算公式：

$$K = \frac{n \cdot E \cdot L_k \cdot B}{\sum h} \tag{6-3}$$

式中　　n——直接顶弹性模量弱化系数；

E——直接顶的弹性模量；

L_k——工作面液压支架的控顶距；

B——工作面液压支架的宽度；

$\sum h$——直接顶的厚度。

由式（6-3）可知，直接顶的刚度与其厚度成反比，厚度越大，刚度越小，直接顶分配基本顶变形的比例也就越大。

假设当直接顶的厚度 $\sum h = 1.0\ \text{m}$，顶板下沉量占基本顶给定变向量的 90%，即 $\omega_2 = 0.9$，令直接顶弹性模量弱化系数 n、直接顶的弹性模量 E、工作面液压支架的控顶距 L_k 和工作面液压支架的宽度 B 均为固定值，则：

当 $\sum h = 2.0\ \text{m}$，$\omega_2 = 0.818$；

当 $\sum h = 10.0\ \text{m}$，$\omega_2 = 0.474$；

当 $\sum h = 20.0\ \text{m}$，$\omega_2 = 0.31$；

当 $\sum h = 30.0\ \text{m}$，$\omega_2 = 0.23$。

得出直接顶厚度 $\sum h$ 与顶板下沉量的关系如图 6-2 所示。

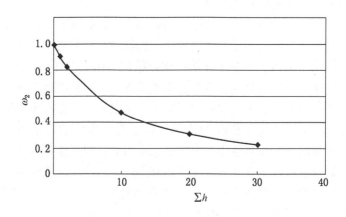

图 6-2 $\sum h$ 与 ω_2 的关系

从图 6-2 中可以得出，随着直接顶厚度的增加，顶板的下沉量减小，当直接顶的厚度超过 10 m 时，顶板的下沉幅度随直接顶厚度的增加反而较小。

通过以上的分析，软煤层大采高直接顶由于其厚度较大，刚度较小，在基本顶给定变形的条件下，其分配的变形量比普通采高大，液压支架所承担的给定变形的比例则小于普通采高液压支架。所以，当在液压支架的刚度相同时，软煤层大采高的给定变形压力小于普通采高液压支架的变形压力。

基本顶给定变形量与顶板下沉曲线关系有多种可能性，按照弹性理论计算和实验室相似模拟得出的关系曲线为直线；按照损伤力学理论分析，得出的是类双曲线[8]。由此可知，采用不同的分析方法，得出了基本顶给定变形量与顶板下沉曲线关系有多种可能性的结果。对于赵庄煤矿钻孔1所发现的3号煤层顶板岩层情况，在理论分析上不能采用相同的力学模型。作者认为，软弱顶板给定变形压力与下沉量可形成类双曲线关系，而中硬顶板的曲线形状接近于直线关系。

软煤层大采高综采支架受到的载荷主要是静载荷，这部分载荷应用液压支架的初撑力予以承担，而动载荷部分则由液压支架的工作阻力承担。在液压支架的初撑阶段，由于工作阻力较小，不能平衡直接顶的自重，当然也不能平衡基本顶初次或周期来压时的变形压力，所以，此时顶板的下沉量很大。随着液压支架工作阻力的提高，当工作阻力达到可以平衡直接顶的自重时，此时，顶板的下沉量与液压支架富余工作阻力，即工作阻力减去直接顶的自重，液压支架本身刚度的有关。虽然液压支架有部分富余工作阻力，但基本顶初次或周期来压时安全阀的开启率较高，这也就是第二章矿山压力观测部分观测到的工作阻力较小时，安全阀反而有开启的现象。当液压支架的工作阻力达到不仅能够平衡直接顶的自重，同时能平衡基本顶初次或周期来压时的变形压力时，顶板的下沉量较小，安全阀的开启率也很低。

根据以上分析，得出软煤层大采高综采液压支架初撑力、工作阻力的确定原则：

（1）液压支架的初撑力至少要能平衡直接顶的自重；

（2）最大工作阻力不仅能够平衡直接顶的自重，同时能平衡基本顶初次或周期来压时的变形压力；

（3）液压支架的刚度应该能保证其在增阻阶段时的顶板下沉量较小。

6.2　端面距与顶板控制的关系

采场—围岩关系中，端面漏、冒的控制是非常重要的内容之一，软煤层大采高综采工作面端面漏、冒控制的重要性要远远的大于普通采高工作面的端面漏、冒控制。通过对赵庄煤矿3305软煤层大采高综采工作面端面漏、冒的现场观测，具体构建了端面漏、冒顶板的"块体"结构模型[145,146]，如图6-3所示。

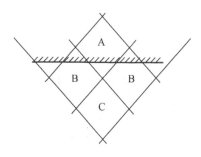

图6-3　"块体"结构模型

该模型中，A类块体位于工作面端面漏、冒顶板的中上部，只有少部分或完全没有出露；B类块体位于该结构顶板的中下部，大部分出露；C类块体位于该结构顶板的最下部，完全出露。

"块体"结构顶板的失稳破坏一是块体沿着裂隙面产生的剪切滑移失稳；二是由块体在各种载荷作用下的脱落失稳。可运用块体理论对顶板的稳定性进行分析[147,148]。"块体"结构顶板的失稳应先产生在C类块体上，当C类块体丧失承载能力失稳后，其承受的载荷转移至 A 类、B 类块体上，使 A 类、B 类块体产生失稳。

根据图 6-4 所示的模型，A 类块体（$x \leqslant L/2$）和 B 类块体（$x > L/2$）任意横截面上所受的剪力 $Q(x)$ 为：

$$Q(x) = \begin{cases} q_y \cdot x^2 \tan \dfrac{\theta}{2} & (x \leqslant L/2) \\[2mm] q_y \cdot x^2 \tan \dfrac{\theta}{2} - 2q_y \cdot \left(x - a \cdot \cos \dfrac{\theta}{2} \right)^2 \tan \dfrac{\theta}{2} & (x > L/2) \end{cases}$$

$$(6-4)$$

式中 q_y——块体所受的竖向载荷；

        x——从坐标原点到任意横截面的距离；

        a——块体的边长；

        θ——块体出露部分两边的夹角；

        L——块体沿 x 轴线的长度。

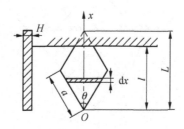

图 6-4 A 类、B 类"块体"结构力学模型

任意截面上的弯矩 $M(x)$：

$$M(x) = \begin{cases} \dfrac{1}{3} q_y \cdot x^3 \cdot \tan \dfrac{\theta}{2} & (x \leqslant L/2) \\[2mm] \dfrac{1}{3} \left[q_y \cdot x^3 - 2q_y \cdot \left(x - a \cdot \cos \dfrac{\theta}{2} \right)^3 \right] \cdot \tan \dfrac{\theta}{2} & (x > L/2) \end{cases}$$

$$(6-5)$$

任意截面上的最大拉应力 $\sigma(x)_{\max}$：

$$\sigma(x)_{max} = \frac{H \cdot M(x)}{2J_z} = \begin{cases} \dfrac{x^2}{H^2} \cdot q_y & (x \leqslant L/2) \\[3mm] \dfrac{x^3 - 2\left(x - a\cos\dfrac{\theta}{2}\right)^3}{2a\cos\dfrac{\theta}{2} - x} \cdot \dfrac{q_y}{H^2} & (x > L/2) \end{cases}$$

$$(6-6)$$

式中　H——块体厚度；

　　　J_z——任意截面的惯性矩。

当任意截面上的最大拉应力 $\sigma(x)_{max}$ 大于其抗拉强度 σ_t 时，岩块产生破断。

A 类、B 类块体产生破断时所需的竖向载荷 q_y 为：

$$q_y = \begin{cases} \dfrac{\sigma_t H^2}{x^2} & (x \leqslant L/2) \\[3mm] \dfrac{\sigma_t H^2\left(2a\cos\dfrac{\theta}{2} - x\right)}{x^3 - 2\left(x - a\cos\dfrac{\theta}{2}\right)^3} & (x > L/2) \end{cases}$$

$$(6-7)$$

由式（6-7）可知：A 类块体较 B 类块体在破断时所需的 q_y 大，因此，在相同载荷的作用下，B 类块体在端面产生破断的可能性较 A 类块体大。当 B 类块体破断成 C 类块体后，原来由 B 类块体所承受的载荷，会转移到 A 类块体上，A 类块体在新的载荷作用下产生破断。相同的破断过程引起连锁反应，造成工作面端面顶板的冒落。

现场拍摄到的工作面端面顶板的漏、冒情况如图 6-5 所示。

赵庄煤矿 3305 软煤层大采高综采工作面的端面距达到 0.6 m 左右，发生漏、冒顶的可能性要远远大于普通采高开采，防治漏、冒顶采取的措施有：提高液压支架的工作阻力，减小工作面端面的应力集中；改进大采高液压支架顶梁的结构以减小端面距；移架时，做到少降、快升、带压移架。

图6-5 端面顶板漏、冒情况

6.3 顶梁长度、支柱位置与顶板的适应性分析

大采高综采液压支架随着采高的加大，顶梁长度及端面距都在加大，当采高超过 5.0 m 时，掩护式液压的支架顶梁长度已达到 4.0 m，而支撑掩护式液压支架的顶梁长度已接近 5.5 m。当采高超过 5.0 m 时，掩护式和支撑掩护式支架的端面距均超过了 500 mm。如晋城煤业集团寺河煤矿使用 DBT – schild255/550 支架最大控距达到 5415 mm；大同煤矿集团四老煤沟矿使用 ZZ9900 – 29.5/50 支架的最大控顶距达到了 6854 mm；晋城煤业集团赵庄煤矿使用 ZY12000/28/62D 支架的最大控顶距也达到了 5902 mm。

如前所述，工作面配套设备尺寸是决定液压支架顶梁长度的一个重要的因素，同时，大采高综采液压支架本身的结构也是一个重要的因素。液压支架的顶梁长度越长，其承受顶板载荷的范围也就越大，支护的阻力也就越高。

为了直接反映综采液压支架对直接顶板控制的难易程度，国内外均对直接顶进行了分类。在我国的直接顶板分类中，直接顶分为 4 类, 即不稳定、中等稳定、稳定和坚硬顶板, 分类的主要指标是直接顶的强度, 参考指标是直接顶的初次垮落步距[16], 见表 6 - 1。

表 6 - 1   直接顶类别和初次垮落步距

指　　标		类　　别			
		I	II	III	IV
		不稳定	中等稳定	稳定	坚硬
主要指标	强度指标 D	≤30	31 ~ 70	71 ~ 100	>120	无直接顶, 岩层厚度在 2 ~ 5 以上, Rc
参考指标	直接顶初次垮落步距 l	≤8	9 ~ 18	19 ~ 25	>25	>60 ~ 80 MN/m², l 和 h > 1 m

　　如果液压支架的顶梁长度与直接顶的自承极限垮距相当, 并且液压支柱的位置处于顶板合力作用点的位置, 则支架的工作状态达到最优。我国大采高综采工作面 ZY 系列液压支架在当采高小于 5.0 m 时, 柱窝至梁端的距离大约在 2.0 ~ 3.0 m, 如果再加上 300 ~ 400 mm 的端面距, 则柱窝至梁端的距离达到 2.3 ~ 3.4 m, 液压支柱的作用点位于不稳定顶板区间内, 偏向于中等稳定顶板, 说明这种大采高液压支架对不稳定至中等稳定顶板能够比较充分地发挥出直接顶的自承能力, 而对于不稳定顶板则不会取得较好的支护效果, 可能会出现支架的支护阻力不能充分地发挥出支撑作用和工作面端面顶板支护不足, 出现漏、冒顶等现象。

　　当工作面采高大于 5.0 m 时, 柱窝到工作面煤壁的距离可达到 3.5 ~ 3.7 m, 此时, 对中等稳定顶板能够充分发挥出液压支架的支撑能力。通过现场观测, 赵庄煤矿使用的 ZY12000/28/62D 型大采高综采液压支架基本上能够充分发挥出其支撑能力。

　　ZY12000/28/62D 型液压支架采用了整体顶梁加伸缩前梁结构, 软煤层大采高综采工作面的直接顶较厚, 虽然 3 号煤层较软，但是工作面煤壁在注射马丽散 N 型材料后，提高了煤壁的稳定性，则直接顶斜向采空区的重量大，所以在控顶区内直接顶重心的作用点位于整体顶梁后方的概率较大。由于 ZY12000/28/62D 型液压支架采用了整体顶梁，其完全能够平衡掉这部分载荷，同时还能对顶梁前部产生较大的附加阻力，对端面顶板的控制起到了积极的作用。

6.4　支架掩护梁受力分析

构建的支架掩护梁受力模型如图 6-6 所示，α' 为掩护梁与垂线夹角，q_1 为作用在与支架顶梁后部水平延长方向的垂直载荷，q_2 为作用在掩护梁 AC 上的载荷。支架掩护梁后方散体矸石处于 3 个不同的应力场内，分别为 ABC、ACD 和 ADE，其中 ABC、ADE 为均匀应力场，ACD 为极射应力场[149]。

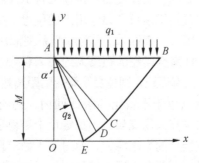

图 6-6　掩护梁受力模型

ABE 区：

$$\sigma_1 = q_1 = \sigma_x(1 + \sin\varphi) - C \cdot \cot\varphi \qquad \psi = \frac{\pi}{2} \qquad (6-8)$$

式中　σ_x——主应力参量；

φ——矸石的内摩擦角；

C——矸石的内聚力；

　　ψ——主应力 σ_1 与 x 轴的夹角。

均匀应力场 ADE 区：

$$\sigma_3 = q_2 = \sigma_x(1 - \sin\varphi) - C \cdot \cot\varphi \qquad \psi = \frac{\pi}{2} + \alpha' \qquad (6-9)$$

滑移线 $BCDE$ 满足滑移线方程：$d\sigma_x - 2 \cdot \sigma_x \cdot \tan\varphi \cdot d\beta = 0$

即
$$\int_{\sigma_0}^{\sigma} \frac{1}{\sigma_x} \cdot d\sigma_x = 2\int_{\psi_0}^{\psi} \tan\varphi \cdot d\beta$$

可得：

$$\sigma_x = \sigma_0 e^{[2\tan\varphi(\psi - \psi_0)]} \qquad (6-10)$$

AB 为滑移线 $BCDE$ 开始线，由（6-8）得：

$$\psi_0 = \frac{\pi}{2} \qquad \sigma_x = \frac{q_1 + C \cdot \cot\varphi}{1 + \sin\varphi} \qquad (6-11)$$

AE 为滑移线 $BCDE$ 终止线，由式（6-9）得：

$$\psi_0 = \frac{\pi}{2} + \alpha' \qquad \sigma_x = \frac{q_2 + C \cdot \cot\varphi}{1 - \sin\varphi} \qquad (6-12)$$

整理以上各式得：

$$q_2 = \frac{1 - \sin\varphi}{1 + \sin\varphi}(q_1 + C \cdot \cot\varphi) \cdot e^{2\alpha' \cdot \tan\varphi} - C \cdot \cot\varphi \qquad (6-13)$$

对于理想松散体，$C = 0$，则：

$$q_2 = \frac{1 - \sin\varphi}{1 + \sin\varphi} \cdot q_1 \cdot e^{2\alpha' \cdot \tan\varphi} = q_1 \cdot \tan^2\left(\frac{\pi}{4} - \frac{\varphi}{2}\right) \cdot e^{2\alpha' \cdot \tan\varphi}$$

$$(6-14)$$

　　松散矸石载荷 q_1 可近似等于作用在工作面上方"块体"结构上的竖向载荷 q_y，即：

$$q_1 = \frac{L_c \cdot \gamma_s}{2f} \qquad (6-15)$$

支架掩护梁受到的合力 P_3 为：

$$P_3 = L_s \cdot S \cdot \frac{L_c \cdot \gamma}{2f} \cdot \tan^2\left(\frac{\pi}{4} - \frac{\varphi}{2}\right)e^{2\alpha' \cdot \tan\varphi} \qquad (6-16)$$

式中 L_s——掩护梁的长度；

S——掩护梁的宽度；

则掩护梁所受的水平推力为：

$$P_{3h} = \frac{1}{2f}L_s \cdot S \cdot L_c \cdot \gamma \cdot \tan^2\left(\frac{\pi}{4} - \frac{\varphi}{2}\right)\mathrm{e}^{2\alpha' \cdot \tan\varphi} \cdot \cos\alpha'$$

$$(6-17)$$

掩护梁所受的垂直压力为：

$$P_{3v} = \frac{1}{2f}L_s \cdot S \cdot L_c \cdot \gamma \cdot \tan^2\left(\frac{\pi}{4} - \frac{\varphi}{2}\right)\mathrm{e}^{2\alpha' \cdot \tan\varphi} \cdot \sin\alpha'$$

$$(6-18)$$

ZY12000/28/62D 型液压支架的宽度 1.75 m，最大控顶距 5.902 m，顶梁控顶长度 5.3 m，掩护梁长度 4.0 m，掩护梁与垂线夹角为 20°。上覆岩层平均容重均取 26.5 kN/m³，散体矸石的普氏系数为 0.13，内摩擦角为 28°，经计算，掩护梁所受的水平推力为 751.35 kN，所受的垂直压力为 2064.3 kN，在该型液压支架掩护梁的最大受力范围内，满足安全要求。

7 软煤层大采高综采
辅助技术及措施

7.1 软煤层大采高综采开切眼、撤架通道岩层控制与工艺

7.1.1 开切眼岩层控制技术

7.1.1.1 开切眼巷道两帮煤体的控制

开切眼巷道的顶板和两帮均为实体煤，开切眼巷道开挖后，围岩应力重新分布，由于软煤层大采高开切眼巷道两帮的强度较低，煤体边缘由于处于塑性区将首先被破坏，并逐步向深部扩展至塑性区和弹性区的交界处。破坏过程为：两帮煤体在顶、底板之间被"挤出"→两帮煤体受到拉应力的作用出现拉破坏→底板两侧剪切断裂→顶板下沉。

通过现场观测，随着荷载的增大，开切眼两帮破坏严重，最后顶板离层，形成多层抛物拱式的破坏结构。当采用锚杆、锚索支护方式后，在开切眼两帮上出现小的裂隙，然后在 3 号煤层与顶底板之间的层面出现了较小的错动裂隙。经分析，这主要是因为开切眼巷道的顶板岩层和两帮得到加固后，顶板和两帮的压缩变形量减小，但是由于层理面的强度较低，所以发生层间错动就比较容易。

图 7 - 1 为 3305 软煤层大采高开切眼断面图。

（1）煤柱侧煤体的控制。锚杆规格：锚杆杆体选用 22 号左旋无纵筋螺纹钢筋，长度 2.4 m，杆尾螺纹为 M24。

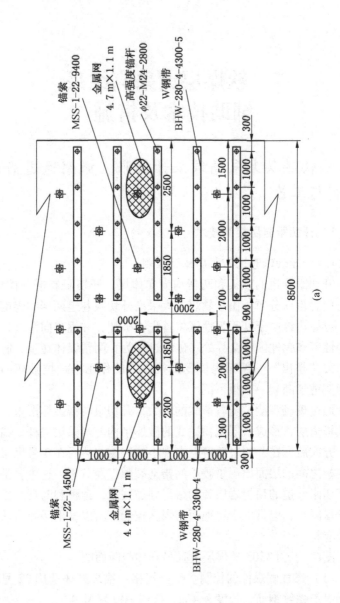

(a)

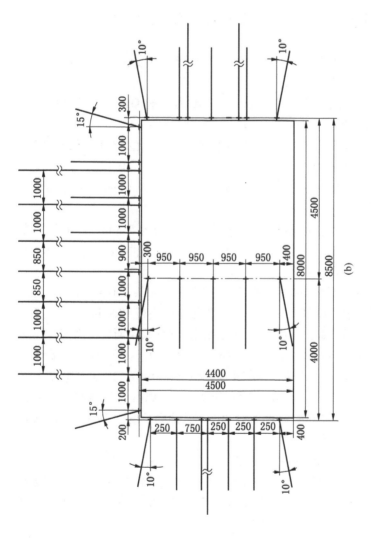

图 7 - 1 开切眼断面及支护图（单位：mm）

钢带规格：采用 W 型钢带护帮，钢带厚度 3 mm，宽度 280 mm，长度 4.1 m。

托盘：采用拱型高强度托盘，托盘规格为 150 mm × 150 mm × 8 mm。

锚杆角度：靠近顶板和底板的帮锚杆安设角度与水平线成 10°，其余均与巷帮垂直。

网片规格及连接方式：采用 10 号铁丝编织的金属菱形网护帮，网格为 50 mm × 50 mm，规格为 4.5 m × 1.1 m，网片之间采用搭接方式连接，搭接长度 100 mm，并采用双股 16 号镀锌铅丝捆扎，每隔 200 mm 捆扎一道，并且拧结不少于 3 圈。

锚杆布置：锚杆排距 1000 mm，间距 950 mm，每排布设 5 根锚杆。

锚索：单根钢绞线，直径 22 mm，长度 5.3 m，尾部采用配套的高强度锁具。托板材质为 Q235 - A，托板规格为 300 mm × 300 mm × 16 mm。

锚索布置：锚索每排 2 根，排距 2.0 m，间距 2.4 m，上部一根锚索距顶 800 mm，下部一根锚索距底板 1300 m。

锚固方式：采用树脂加长锚固。锚杆采用两支锚固剂，一支规格为 MSK2335，另一支规格为 MSZ2360，钻孔直径为 28 mm，锚固长度为 1675 mm，锚固力不小于 150 kN，预紧力矩不小于 400 N · m；锚索采用三支锚固剂，一支规格为 MSK2335，两支规格为 MSZ2360，钻孔直径 30 mm，锚固长度为 1970 mm，预紧力不小于 150 kN。

（2）工作面侧煤体的控制。开切眼掘进采用二次成巷，掘进宽度为 4500 mm，二次掘进位置靠近工作面侧，掘进宽度为 4400 mm。由于采用的是二次成巷，在一次掘进和二次掘进的内侧帮采用可切割玻璃钢锚杆。

锚杆规格：杆体为 20 号玻璃钢，长度 2.4 m，杆尾螺纹为 M20。

托板：采用 300 mm×200 mm×50 mm 木垫板配合锚杆托盘。

锚杆角度：靠近顶板和底板的帮锚杆安设角度与水平线成 10°，其余均与巷帮垂直。

网片规格及连接方式：采用阻燃塑料编织网护帮，网格为 50 mm×50 mm，规格为 4.5 m×1.1 m，网片之间采用搭接方式连接，搭接长度不少于 100 mm，采用双股 16 号镀锌铅丝捆扎，每隔 200 mm 捆扎一道，并且拧结不少于 3 圈。

锚杆布置：一次掘进时，锚杆排距 1000 mm，间距 950 mm，每排 5 根锚杆；二次掘进时，锚杆排距 800 mm，间距 800 mm，每排 6 根锚杆。

锚索：单根钢绞线，直径 22 mm，长度 5.3 m，托盘规格为 300 mm×300 mm×16 mm。

锚索布置：锚索每排 1 根，排距 3.0 m，距顶板 2.0 m。

锚固方式：树脂加长锚固。锚杆采用两支锚固剂，一支规格为 MSK2335，另一支规格为 MSZ2360，钻孔直径 28 mm，锚固长度 1300 mm，锚固力不小于 50 kN，预紧力矩 60 N·m；锚索采用三支锚固剂，一支规格为 MSK2335，另两支为 MSZ2360，钻孔直径 28 mm，锚固长度 1480 mm，预紧力不小于 100 kN。

7.1.1.2 开切眼巷道顶板的控制

锚杆规格：锚杆杆体采用 22 号左旋无纵筋螺纹钢筋，钢号为 BHRB500，长度 2.8 m，杆尾螺纹为 M24。

锚杆布置：锚杆排距 1000 mm，间距 1000 mm，每排 9 根锚杆。

锚杆配件：采用高强度 M24×3 型锚杆螺母，配合高强度托板调心球垫和尼龙垫圈，托盘采用拱型高强度托盘，承载能力不低于 300 kN，托板规格为 150 mm×150 mm×10 mm。

钢带规格：采用 W 型钢带，钢带厚度 3.0，宽度 280 mm，长度选用 3.3 m 和 4.3 m 两种规格。

锚杆角度：靠近巷帮的顶板锚杆安设角度为与垂线成 15°夹

角，其余均与顶板垂直。

网片规格及连接方式：采用 10 号铁丝编织的金属菱形网护顶，网格为 50 mm×50 mm，规格为 4.7 m×1.1 m 和 4.4 m×1.1 m，网片之间采用搭接方式连接，搭接长度 100 mm，采用双股 16 号镀锌铅丝捆扎，每隔 200 mm 捆扎一道，拧结不少于 3 圈。

锚索：1×19 股高强度低松弛预应力钢绞线，ϕ22 mm，长度为 9.4 m 和 14.5 m，托板规格为 300 mm×300 mm×16 mm 高强度可调心托盘。

锚索布置：在顶板完整地段，长度为 9.4 m 的锚索每排 4 根，排距为 2.0 m，间距 2.5 m，在两排 9.4 m 的锚索之间再打注一排长度为 14.5 m 锚索，每排 4 根，排距 2.0 m，间距 2.0 m。

锚固方式：树脂加长锚固。锚杆采用三支低黏度锚固剂，一支规格为 MSK2335，另两支规格为 MSZ2360。钻孔直径为 30 mm，锚固长度为 1970 mm，锚固力不小于 150 kN，预紧力矩 400 N·m。锚索采用三支低黏度锚固剂，一支规格为 MSK2335，两支规格为 MSZ2360，钻孔直径 30 mm，锚固长度 1970 mm，预紧力不小于 250 kN。

7.1.2 撤架通道岩层控制技术

撤架通道断面为矩形，掘进宽度为 4700 mm，高度为 4500 mm，掘进断面面积为 21.15 m²，净宽度为 4500 mm，净高度为 4400 mm，净断面面积为 19.8 m²，采用树脂锚杆加长锚固组合支护系统，并进行锚索补强。

图 7-2 为 3305 软煤层大采高撤架通道断面图。

7.1.2.1 撤架通道顶板的支护

锚杆规格：采用杆体为 22 号左旋无纵筋螺纹钢筋，钢号为 BHRB500，长度 2.8 m，杆尾螺纹为 M24。

锚杆布置：锚杆排距 1000 mm，间距 1000 mm，每排 5 根锚杆。

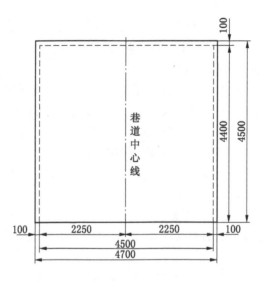

图 7-2 撤架通道断面图（单位：mm）

锚杆配件：采用高强度锚杆螺母 M24×3，配合高强度托板调心球垫和尼龙垫圈，托盘采用拱型高强度托盘，承载能力不低于 300 kN，托板规格为 150 mm×150 mm×10 mm。

钢带规格：采用 W 型钢带，钢带厚度 4 mm，宽度 280 mm，长度 4.3 m。

锚杆角度：靠近巷帮的顶板锚杆安设角度与垂线呈 15°角，其余均与顶板垂直。

网片规格及连接方式：采用 10 号铁丝编织的金属菱形网，网格型号为 50 mm×50 mm，规格为 4.9 m×1.1 m。网片之间采用搭接方式连接，搭接长度 100 mm，采用双股 16 号镀锌铅丝捆扎，每隔 200 mm 捆扎一道，拧结不少于 3 圈。

锚索：采用 1×19 股高强度低松弛预应力钢绞线，直径 22 mm，长度为 9.4 m 和 14.5 m 两种，托板规格为 300 mm×300 mm×16 mm 高强度可调心托盘。

锚索布置：规格为 9.4 m 长的锚索每排 2 根，排距为 2.0 m，间距 2.0 m。在两排 9.4 m 的锚索之间再打一排规格为 14.5 m 长的锚索，每排 1 根，排距 2.0 m。

锚固方式：采用树脂加长锚固。锚杆采用三支低黏度锚固剂，一支规格为 K2335，另两支规格为 Z2360，钻孔直径为 30 mm，锚固长度为 1970 mm，锚固力不小于 160 kN，预紧力矩不小于 450 N·m；锚索采用三支低黏度锚固剂，一支规格为 MSK2335，两支规格为 MSZ2360，钻孔直径 30 mm，锚固长度 1970 mm，预紧力不小于 250 kN。

7.1.2.2 撤架通道两帮的支护

锚杆规格：锚杆杆体采用 18 号左旋无纵筋螺纹钢筋，长度 2.4 m，杆尾螺纹为 M20。

钢筋托梁规格：采用直径为 14 mm 的钢筋焊接而成，宽度 80 mm，长度为 2.95 m 和 1.05 m 两种规格。在安装锚杆的位置处焊接上两段纵筋，纵筋间距 100 mm，以便于安装锚杆。支护时上部采用规格为 2.95 m 的钢筋托梁，下部采用规格为 1.05 m 的钢筋托梁，两根托梁搭接安装，搭接位置在两帮部从上往下第四根锚杆处。搭接处锚杆必须安装在上、下两段钢筋托梁锚杆的安装孔内。

托盘：采用拱型高强度托盘，托盘规格为 150 mm × 150 mm × 8 mm。

锚杆角度：靠近顶板和底板的两帮锚杆安设角度与水平线呈 10°角，其余均与两帮垂直。

网片规格和连接方式：煤柱侧采用 10 号铁丝编织的金属菱形网护帮，网格为 50 mm × 50 mm，回采侧采用阻燃塑料编织网护帮，网格为 50 mm × 50 mm，网片规格均为 4.5 m × 1.1 m，网片之间采用搭接方式连接，搭接长度 100 mm，并采用双股 16 号镀锌铅丝捆扎，每隔 200 mm 捆扎一道，拧结不少于 3 圈。

锚杆布置：锚杆排距 1000 mm，间距 950 mm。

锚索：采用单根钢绞线型，直径15.24 mm，长度5.3 m，加长锚固，尾部采用配套的高强度锁具。托板材质为Q235-A，托板规格为300 mm×300 mm×16 mm。

锚索布置：锚索每帮每排2根，排距2.0 m，间距1.5 m，回采侧不打注锚索。

锚固方式：采用树脂加长锚固。锚杆采用两支锚固剂，一支规格为K2335，另一支规格为Z2360，钻孔直径为28 mm，锚固长度为1090 mm，锚固力不小于70 kN，预紧力矩不小于150 N·m；锚索采用三支锚固剂，一支规格为MSK2335，另两支规格为MSZ2360，钻孔直径28 mm，锚固长度为1480 mm，预紧力不小于100 kN。

7.1.3 施工工艺过程

开切眼和撤架通道施工工序包括掘进和支护两大部分。

（1）顶板支护的施工工艺流程为：掘进出煤→敲帮问顶找易掉危岩并进行处理→铺钢筋网→上钢筋托梁（W型钢带）→临时支护→用锚杆钻机钻进顶板中部锚杆钻孔→清孔→往钻孔内放入树脂药卷→用锚杆头部顶住树脂药卷并送入孔底→升起锚杆钻机并用搅拌器联接锚杆钻机和锚杆尾部→转动锚杆钻机搅拌树脂药卷至规定时间（根据树脂药卷使用说明书，一般需要15~30 s的时间）→停止搅拌并等待规定时间（根据树脂药卷使用说明书，一般为1 min左右）→用安装器联接锚杆钻机和锚杆尾部→转动锚杆钻机拧紧螺母→安装其他顶板锚杆。

（2）锚索施工工艺：定锚索孔位→用锚索钻机钻进锚索钻孔→清孔→往钻孔内放入树脂药卷→用锚索头部顶住树脂药卷并送入孔底→升起锚索钻机并用搅拌器联接锚索钻机和锚索尾部→转动锚索钻机搅拌树脂药卷至规定时间（根据树脂药卷使用说明书，一般为15~30 s）→停止搅拌等待规定时间（根据树脂药卷使用说明书，一般为1 min左右）→收缩锚杆机卸下搅拌器→

等待 15 min →套上托板安装锚具→用涨拉设备涨拉锚索直到预紧力不低于 120 kN 时为止。

（3）两帮锚杆施工工艺：接钢筋网（塑料网）→上钢筋托梁→用钻机钻进两帮锚杆钻孔→清孔→往钻孔内放入树脂→用锚杆头部顶住树脂药卷并送入孔底→用搅拌器联接气动帮部锚杆钻机和锚杆尾部→转动钻机搅拌树脂药卷至规定时间（根据树脂药卷使用说明书，一般需要 15～30 s）→停止搅拌并等待规定时间（根据树脂药卷使用说明书，一般为 1 min）→用扳手拧紧螺母→安装其他两帮锚杆。

7.2 软煤层大采高综采工作面煤壁超前加固技术

根据第四章对 3305 软煤层大采高综采工作面前方煤壁的数值分析、理论计算和现场观测的结果，由于该工作面地质条件极其复杂，特别是当通过断层、煤岩破碎带或基本顶来压时要及时加固煤壁，能提高"支架—煤壁—直接顶"的整体强度。为减小煤壁片帮的程度，提高工作面的安全水平，当煤岩比较破碎时，采用马丽散固化方法或其他方法予以加固。赵庄煤矿 3305 软煤层大采高综采工作面通过采用马丽散 N 型材料对工作面前方煤壁注浆，进行煤壁加固，取得了较好的效果。

7.2.1 马丽散 N 型材料注浆加固机理

马丽散 N 型材料是由树脂、催化剂双组分材料按一定比例配合组成的高分子聚亚氨脂产品。双组分材料均为液体，其具有柔韧性好、黏度低、黏合力强、机械性能稳定的特性。

由于马丽散 N 型材料具有高度黏合力和很好的机械性，在复合气泵强大压力的作用下，树脂和催化剂注入裂隙煤岩体后，低黏度混合物保持几秒钟液体状态，即可渗透到细小的裂缝，将破碎的煤岩体黏结成树脂胶结体，从而能够有效地加固和密封被处理区域，提高煤岩体的整体强度。

马丽散 N 型材料在很短的时间内其黏合力就能达到 1.0 MPa，3~4 h 后其抗压强度可达到 25.0 MPa。在遇水或掺水后将产生关联反应发生膨胀，在膨胀力的作用下产生二次渗压，膨胀倍数可达 20~25 倍。高压推力和二次渗压将马丽散 N 型材料压入并充满工作面前方煤壁几乎所有的裂缝中，抗压强度达 15.0~25.0 MPa，从而达到加固围岩的目的，大大提高被处理区域的整体承载能力。

马丽散 N 型材料的特点主要有：

（1）高度成品化。马丽散 N 型材料属于高分子反应材料，用 25~30 kg 的塑料桶分装，运输方便，施工方便。

（2）可常年施工，无污染。马丽散 N 型材料对施工条件的要求低，可在漏水处直接堵漏，该材料与水反应后，生成惰性泡沫体，且不与酸碱气、液体发生反应。

（3）注射压力可控。马丽散 N 型材料的注射压力可高达21.0 MPa，并且可以任意调节，能够很好地控制注射效果。

（4）费用较低。工程费用需要根据实际情况进行综合考虑和计算，马丽散 N 型材料加固能够保证质量，大大缩短工期，能用较少的费用取得较好的效果[144,146]。

马丽散 N 型材料的主要技术参数见表 7-1。

表7-1 马丽散 N 型材料技术参数

1. 基本成分	树 脂	催化剂
25 ℃时的密度/(g·cm⁻³)	1.04	1.23
25 ℃时的黏度/(MPa·s⁻¹)	200	210
混合比例/体积比	1	1
20 ℃时的储存期限/月	6	6
存储温度/℃	5~30	5~30
包装	25 kg 塑料桶	30 kg 塑料桶

表 7 - 1（续）

2. 聚合产品	树 脂	催化剂
应用温度/℃	15	25
最初黏度/（MPa·s^{-1}）	450	250
开始反应	1 min 15 s	45 s
发泡结束	2 min 10 s	1 min 25 s
膨胀比	2	2
压力/MPa	>10	>10
黏合力/MPa	>1	>1

7.2.2 超前加固工艺

7.2.2.1 所需材料及设备

马丽散 N 型材料；ϕ38 mm 封孔器；机械油、棉纱；马丽散注浆泵一台；注射枪一套；2 根 10 m 长、直径 13 mm 的高压胶管；帮锚杆钻机一台及钻杆若干；ϕ40 mm 钻头若干。足够的水管和风管，且风管能够提供持续稳定（0.4 ~ 0.7 MPa）的风源。

注浆设备布置如图 7 - 3 所示。

7.2.2.2 加固钻孔布置

根据 3305 工作面情况，分两次钻孔。第一个钻孔施工时，孔距为 4.0 m，孔净深 8.0 m，孔距顶板为 1.0 ~ 1.5 m，孔与水平面的夹角为 10° ~ 15° 斜向顶板；第二个钻孔施工时，开始对第一个钻孔进行注射马丽散 N 型材料，然后依次类推。钻完第一次孔后，返回来进行第二次补钻孔，位置在第一次所钻孔的两个孔的正中间进行补钻，钻完孔后，孔与孔的间距由原来的 4.0 m 变成了 2.0 m，钻孔和注射的过程同第一次，如果工作面前方煤壁较软，在钻孔的过程中成孔困难时，则采用自钻式注射钻杆。钻孔布置图如图 7 - 4 所示。

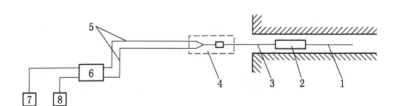

1—注浆管；2—专用封口器；3—注浆铁管；4—专用注射枪；
5—高压胶管；6—注浆泵；7—马丽散树脂；8—马丽散催化剂

图 7-3　注浆设备布置图

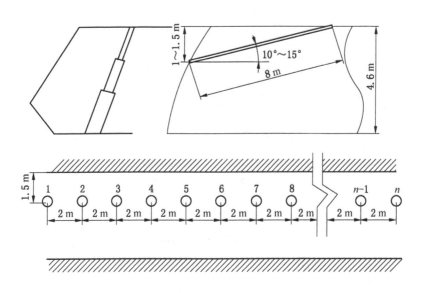

图 7-4　钻孔布置图

7.2.2.3　工艺流程

注浆准备→打眼→管路连接→注射枪→封孔器放置→开始注浆（马丽散 N 型材料）→清洗注浆泵及注射枪→清理工作现场。注浆工艺示意图如图 7-5 所示。

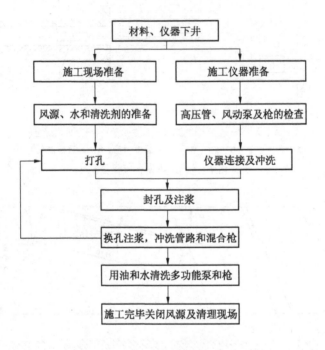

图7-5　注浆工艺示意图

7.2.2.4　加固效果

3305 工作面 2009 年 6 月 23 日—7 月 23 日一个月马丽散 N 型材料的使用量见表 7-2。

表7-2　马丽散 N 型材料消耗表

日　期	注浆范围	孔　数	用量/桶
6 月 23 日	24~35 号支架	10	216
6 月 25 日	39~47 号支架	4	60
6 月 26 日	79~88 号支架	5	54
6 月 28 日	12~42 号支架	13	150

表 7-2（续）

日 期	注浆范围	孔 数	用量/桶
6 月 30 日	43～54 号支架	7	102
7 月 1 日	27～34 号支架 61～65 号支架	8	110
7 月 2 日	35～38 号支架 44～48 号支架	5	62
7 月 3 日	53～58 号支架	2	40
7 月 4 日	59～69 号支架	4	36
7 月 5 日	88～98 号支架	4	54
7 月 6 日	44～53 号支架	4	52
7 月 9 日	43～65 号支架	4	50
7 月 15 日	45～49 号支架	3	26
7 月 16 日	5～15 号支架	2	20
7 月 17 日	24～30 号支架	4	44
7 月 19 日	24～26 号支架	2	30
7 月 23 日	6 号，16～24 号支架	5	58
	合计	86	1164

注：共注浆孔数 86 个，注浆量约 35 t。

　　通过对 3305 软煤层大采高综采工作面注射加固现场观测，一次性注射 8 m 深钻孔的马丽散 N 型材料能有效地保证 7～8 个循环的正常生产。注射后，工作面片帮在很大程度上有所缓解。在一般情况下，护帮板能够维护住工作面煤壁，可以在很大程度上减少因工作面煤壁片帮导致的顶板空顶面积增大引发的冒顶事故。现场观测到的注射马丽散 N 型材料加固的 3305 工作面煤壁如图 7-6 所示。

图 7-6　工作面煤壁加固效果图

7.3　其他安全技术措施

7.3.1　预防片帮、冒顶的安全措施

（1）必须要追机拉架，拉架滞后机组下滚筒 3~5 架。拉架要做到少降、快拉、快升，保证及时支护顶板。当顶板不好或煤壁片帮超过规定宽度时必须坚持超前拉架并打出护帮板；

（2）控制好采煤机的割煤速度，保持在 5 m/min 左右。

（3）工作面人员严禁进入支架立柱前方，必须在支架人行通道行走、作业。

（4）煤壁大面积片帮至支架与溜挡煤板之间（大块煤在采煤机截割位置右方）时，将支架升紧并打出护帮板后，闭锁作业点前后各 3 架支架，并设专人看护支架，当作业人员找好撤退路线后，在永久支护的安全地点用大锤进行破碎，作业时，人员必须面向机尾方向，若在机组前后 15 m 范围内作业时，必须停止采煤机并切断负荷中心电源。

（5）大块煤片到支架与溜挡煤板之间（大块煤在采煤机截割位置左方）时，必须先停止采煤机并切断负荷中心电源，再按上述规定进行作业。

7.3.2 工作面综合管理安全措施

（1）机头、机尾回收锚杆时，必须执行以下规定：①机组割煤至机头（机尾）2 m时，停止割煤；②待工作面刮板输送机将工作面的煤运输完成后，闭锁工作面刮板机输送机，并将开关手把打至零位上锁，采煤机继续向机头（机尾）割煤；③在机组割透机头（机尾）煤壁后，将机组退至 10 m 外，停电并上锁；④打出机头（机尾）支架护帮板，将采煤机割落的锚杆、托盘及时捡出。

（2）验收员测量工作面采高时，严禁进入工作面煤壁附近作业，必须在支架人行通道内测量采高。

（3）更换工作面液压支架护帮板时，按照以下规定执行：①闭锁作业点前后各5架支架，并设专人看护支架；②作业人员确定好撤退路线后，方可进入工作面煤壁附近作业，若在机组前后 15 m 范围内作业时，必须切断采煤机负荷中心的电源并实现闭锁；③降架时，必须临架操作，先缓慢试降，待工作面煤壁、顶板安全无问题后方可降架；④更换液压支架的护帮板后，必须及时将支架升起并打出护帮板。

（4）靠工作面侧检修转载机或破碎机时，必须对作业地点附近 20 m 范围内的支护情况进行全面检查，有松动或变形的支柱必须进行重新补打、升紧以保证能有效支护顶板；对作业地点附近 5 m 范围内的联网情况进行检查，有破网等现象时，必须重新进行联网，用 16 号双股铁丝每 100 mm 捆扎一道，每道不少于 3 圈。

（5）在停产前必须将 3305 工作面内的全部液压支架超前拉架并打出护帮板，同时切断负荷中心的电源。

（6）工作面支架达到初撑力，支架自动补液功能开启，加强支架检修，确保支架不漏液，不窜液、不自动卸载，支架升起后顶梁要升平、升紧。

（7）若工作面顶板破碎或支架梁端距超过规定时，必须采取超前拉架或打出护帮板及时控制顶板；若遇顶板破碎并容易冒落时，应在采煤机割过煤后立即带压拉架或隔架拉架。

（8）发现工作面上、下安全出口附近的两帮煤层或顶板有片帮或离层现象时，必须首先用长柄工具将活煤、活矸打掉，然后打好点柱和木垛，并用木楔、背板背实、背牢、背稳，使其良好接顶（帮），同时将片帮煤清理干净。

（9）有计划停产时，将采煤机组停在机尾，在停产前必须将工作面内所有的设备开空，支架全部超前拉过并打出护帮板，同时切断负荷中心电源，隔离开关打到零位并上锁。用板梁进行护帮，在机头、机尾三角区打贴帮柱进行维护。

（10）因设备故障停产时，在停机后必须切断电源，隔离开关打到零位并上锁。支架全部超前拉过并打出护帮板，用板梁进行护帮，在机头、机尾三角区打贴帮柱进行维护，有压溜危险时必须每天开动工作面设备 $5 \sim 10$ m。

7.3.3　工作面上隅角瓦斯超限防治措施

3305 软煤层大采高综采工作面回采期间，通过现场测试，在上隅角顶板垮落和工作面周期来压期间，上隅角瓦斯容易超限，为减少上隅角瓦斯超限事故，制定了工作面上隅角瓦斯超限防治的措施，取得了较好的防治效果。

1. 保证 3305 工作面上隅角的过风量

（1）在 32051 巷采空区严格按照相关规定打木垛进行支护，保证上隅角到滞后横贯之间的风路畅通，以保证上隅角瓦斯不积聚。

（2）在工作面准备一块风障，当工作面回风通道不畅或堵塞时，立即在上隅角处挂风障处理上隅角瓦斯超限。

（3）当工作面煤壁距离通风横川最近的一帮6.0 m时，必须在上隅角位置挂风障导风稀释上隅角瓦斯，避免上隅角瓦斯超限。

2. 封堵采空区

（1）工作面支架切顶线推过回风侧通风横贯西帮2.0 m后，应立即打开回风侧前面一个横贯，同时在32051巷和32053巷原滞后横贯（距32053巷5.0 m范围内，顶板完好处）和滞后横贯以南5.0 m处分别打标准永久密闭，以减少采空区深部瓦斯的涌出。同时，在作业时必须在32051巷进风侧安装局部通风机向作业地点供风以保证瓦斯浓度低于1.5%。

（2）工作面支架切顶线推至进风侧通风横贯时，立即在该通风横贯（距32054巷5.0 m范围内和顶板完好处）和32054巷通风横贯以南5.0 m分别建标准永久密闭，作业时必须在32054巷通风横贯以北安装局部通风机向作业地点供风，以保证瓦斯浓度低于1.5%。

（3）封堵过程中，3305软煤层大采高综采工作面严禁割煤，严禁拉架。

（4）封堵回风侧横贯时，工作面机尾30架支架范围内严禁无关人员进入，并断电，机组离开机尾30架支架。

（5）作业人员必须在木垛和支架的掩护下进行，严禁空顶作业。

（6）永久密闭前后用木垛进行支护。

3. 减少采空区的过风量

（1）及时在32051巷/32053巷间的横贯和32053巷建临时或永久密闭。

（2）当3305工作面下隅角采空区顶板悬顶面积超过8 m^{2}时，要采取强制放顶措施。

4. 加强瓦斯检查

（1）要随时检查上隅角瓦斯浓度，当上隅角瓦斯浓度达到1.0%时，立即停止采煤机割煤，待工作面上隅角瓦斯降到1.0%以下后才可开机作业。

（2）要保证3305工作面瓦斯传感器位置设置的正确性。

如果由于工作面尾部支架后或上隅角顶板垮落导致上隅角或回风瓦斯超限，工作面必须立即停止作业、切断电源，将人员全部撤到32052巷或32051巷进风侧，采取风排逐渐稀释瓦斯的方法，将瓦斯浓度降到规定恢复生产的范围（工作面瓦斯浓度降到0.8%以下、上隅角瓦斯浓度降到1.0%以下、回风瓦斯浓度降到0.8%以下、采空区悬顶区瓦斯浓度降到1.5%以下）后，方可恢复生产。

参 考 文 献

[1] 袁亮. 煤及共伴生资源精准开采科学问题与对策 [J]. 煤炭学报, 2019, 44 (1): 1 - 9.

[2] 申宝宏, 张树武. 中国煤炭科学产能评测研究 [J]. 煤炭经济研究, 2016, 36 (5): 6 - 10.

[3] 王迪, 向欣, 时如义, 等. 中国煤炭产能系统动力学预测与调控潜力分析 [J]. 系统工程理论与实践, 2017, 37 (5): 1210 - 1218.

[4] 王剑光. 采煤法现状及发展趋势 [J]. 煤矿安全, 2004, 35 (6): 28 - 30.

[5] 何富连, 钱鸣高, 刘长友. 高产高效工作面支架—围岩保障系统 [M]. 徐州: 中国矿业大学出版社, 2010.

[6] 王志刚. 大采高综采工作面末采控制技术及应用 [J]. 煤炭技术, 2018, 37 (11): 112 - 115.

[7] 马宁. 特殊地质条件下大采高综采技术研究 [J]. 中国矿山工程, 2018, 47 (6): 34 - 36, 39.

[8] 弓培林. 大采高采场围岩控制理论及应用研究 [D]. 太原: 太原理工大学, 1998.

[9] 王家臣. 煤炭科学开采与开采科学 [J]. 煤炭学报, 2016, 41 (11): 2651 - 2660.

[10] RUTHERFORD A. Moderately thick seam mining in Australia [C] //WU J, WANG J C. Proceedings of '99 International Workshop on Underground Thick - Seam Mining. Beijing: China Coal Industry Publishing House, 1999: 122 - 135.

[11] 武建国. 大采高综采工作面与巷道围岩控制技术研究 [D]. 太原: 太原理工大学, 2004.

[12] 史红, 姜福兴. 采场上覆岩层结构理论及其新进展 [J]. 山东科技大学学报 (自然科学版), 2005, 24 (1): 21 - 25.

[13] 翟英达. 采场上覆岩层中的面接触块体结构及其稳定性力学机理 [M]. 北京: 煤炭工业出版社, 2006.

[14] 李洪, 张振扬, 段大勇. 采场上覆3层厚硬岩浆岩破断规律 [J]. 煤炭技术, 2016, 35 (6): 14 - 16.

[15] 张百胜. 极近距离煤层开采围岩控制理论及技术研究 [D]. 太原:

太原理工大学，2008.

［16］钱鸣高，石平五，许家林，等．矿山压力与岩层控制［M］．徐州：中国矿业大学出版社，2010.

［17］Qian M G. A study of the behaviour of overlying strata in longwall mining and its application to strata control［M］. Strata Mechanics，Elsevier Scientific Publishing Company，1982.

［18］Qian M G，He F L，Miao X X. The system of strata control around longwall face in China［J］. In：Guo Yuguang，Tad S Golosinski，eds. Mining Science and Technology. Rotterdam：A A Balkema，1996：15－18.

［19］宋振骐．实用矿山压力控制［M］．徐州：中国矿业大学出版社，1988.

［20］郝海金．长壁大采高上覆岩层结构及采场支护参数的研究［D］．北京：中国矿业大学，2004.

［21］钱鸣高．20 年来采场围岩控制理论与实践的回顾［J］．中国矿业大学学报，2000，29（1）：1－4.

［22］贾喜荣．矿山岩层力学［M］．北京：煤炭工业出版社，1997.

［23］冯国瑞．残采区上行开采基础理论及应用研究［D］．太原：太原理工大学，2009.

［24］Chien（Qian）Minggao. A study of the behavior of overlying strata in longwall mining and its application to strata control，Proceedings of the Symposium on Strata Mechanics，Elsevier Scientific Publishing Company，1982，13－17.

［25］许浪，刘萍．采场上覆岩层应力分布规律的数值模拟研究［J］．煤炭技术，2015，34（5）：105－107.

［26］缪协兴，钱鸣高．采场围岩整体结构与砌体梁力学模型［J］．矿山压力与顶板管理，1995（3）：3－12.

［27］宋振骐．实用矿山压力控制［M］．徐州：中国矿业大学出版社，1992.

［28］刘金海，姜福兴，王乃国．深厚表土长大综放工作面顶板运动灾害控制［M］．北京：科学出版社，2013.

［29］贾喜荣．岩石力学与岩层控制［M］．徐州：中国矿业大学出版社，2010.

［30］张静，吴侃，璩剑锋．采场上覆岩层动态移动规律研究［J］．煤矿开采，2012，17（2）：20-22，85.

［31］朱德仁．长壁工作面老顶的断裂规律及应用［D］．徐州：中国矿业大学，1987.

［32］Qian M G，He F L. The behavior of the main roof in longwall mining，Weighting Span，Fracture and Disturbance［J］. Jou of Mine，Metals & Fuels，June-July，l989，240-246.

［33］姜福兴，舒凑先，王存文．基于应力叠加回采工作面冲击危险性评价［J］．岩石力学与工程学报，2015，34（12）：2428-2435.

［34］钱鸣高，张顶立，黎良杰，等．砌体梁的"S-R"稳定及其应用［J］．矿山压力与顶板管理，1994（3）：6-10.

［35］徐翀，张静，吴侃，等．煤矿采场上覆岩体内部预计参数研究［J］．煤矿安全，2013，44（12）：195-197，200.

［36］钱鸣高，缪协兴．采场上覆岩层结构的形态与受力分析［J］．岩石力学与工程学报，1995，14（2）：97-106.

［37］缪协兴，钱鸣高．采矿工程存在的力学问题［J］．力学与实践，1995，5，70-71.

［38］缪协兴．采动岩体的力学行为研究与相关工程技术创新进展综述［J］．岩石力学与工程学报，2010，29（10）：1988-1998.

［39］李文霞．工作面采高对老顶断裂位置的影响研究［J］．中国煤炭，2013，39（8）：97-100，114.

［40］侯忠杰，谢胜华．采场老顶断裂岩块失稳类型判断曲线讨论［J］．矿山压力与顶板管理，2002（2）：1-3.

［41］黄庆享，杜君武，侯恩科，等．浅埋煤层群覆岩与地表裂隙发育规律和形成机理研究［J］．采矿与安全学报，2019，36（1）：7-15.

［42］黄庆享．浅埋煤层长壁开采顶板控制研究［D］．徐州：中国矿业大学，1998.

［43］黄庆享，石平五，钱鸣高．老顶岩块端角摩擦系数和挤压系数实验研究［J］．岩土力学，2000（1）：60-63.

［44］钟新谷．长壁工作面顶板变形失稳的突变模式［J］．湘潭矿业学院学报，1994（2）：1-6.

［45］钟新谷．顶板岩梁结构的稳定性与支护系统刚度［J］．煤炭学报，

1995, 20 (6)：601-606.

[46] 钟新谷. 采场坚硬顶板的弹性稳定性分析 [J]. 煤, 1996 (4)：15-17.

[47] 闫少宏, 贾光胜, 刘贤龙. 放顶煤开采上覆岩层结构向高位转移机理分析 [J]. 矿山压力与顶板管理, 1996 (3)：3-5.

[48] JiangFuxing, JiangGuoan. Theory and technology for hard roof control of longwall face in chinese collieries [J]. Journal of Coal Science & Engineering, 1998, 4 (2)：1-6.

[49] 姜福兴, 宋振骐, 宋扬. 老顶的基本结构形式 [J]. 岩石力学与工程学报, 1993 (3)：366-379.

[50] 姜福兴. 岩层质量指数及其应用 [J]. 岩石力学与工程学报, 1994 (3)：270-278.

[51] 钱鸣高, 缪协兴, 许家林. 岩层控制中关键层的理论研究 [J]. 煤炭学报, 1996 (3)：225-230.

[52] Qian M. G. , He F. L. , Miu X. X. The system of strata control around longwall face in Chine, Proceedings [C]. '96 International Symposium on Mining Science and Technology, 15-18.

[53] 钱鸣高, 缪协兴. 采场矿山压力理论研究的新进展 [J]. 矿山压力与顶板管理, 1996 (2)：17-20.

[54] 许家林. 岩层移动控制的关键层理论及其应用 [D]. 徐州：中国矿业大学, 1999.

[55] 韩红凯, 王晓振, 许家林, 等. 覆岩关键层结构失稳后的运动特征与 "再稳定" 条件研究 [J]. 采矿与安全工程学报, 2018, 35 (4)：734-741.

[56] 茅献彪, 缪协兴, 钱鸣高. 采动覆岩中关键层的破断规律研究 [J]. 中国矿业大学学报, 1998 (1)：39-42.

[57] 钱鸣高, 茅献彪, 缪协兴. 采场覆岩中关键层上载荷的变化规律 [J]. 煤炭学报, 1998 (2)：135-230.

[58] 许家林, 钱鸣高. 覆岩关键层位置的判断方法 [J]. 中国矿业大学学报, 2000 (5)：463-467.

[59] 许家林, 钱鸣高. 覆岩采动裂隙分布特征的研究 [J]. 矿山压力与顶板管理, 1997 (3)：210-212.

[60] 钱鸣高，许家林．覆岩采动裂隙分布的"O"型圈特征特征的研究 [J]．煤炭学报，1998（5）：466－469．

[61] 许家林，钱鸣高，高红新．采动裂隙实验结果的量化方法 [J]．辽宁工程技术大学学报，1998（6）：586－589．

[62] 许家林，孟广石．应用上覆岩层采动裂隙"O"型圈特征抽放采空区瓦斯 [J]．煤矿安全，1995（7）：2－4．

[63] 许家林，钱鸣高．覆岩注浆减沉钻孔布置研究 [J]．中国矿业大学学报，1998（3）：276－279．

[64] 许家林，钱鸣高．关键层运动对覆岩及地表移动影响的研究 [J]．煤炭学报，2000（2）：122－126．

[65] 黎良杰．采场底板突水机理的研究 [D]．徐州：中国矿业大学，1994．

[66] 钱鸣高，缪协兴，许家林，等．岩层控制中关键层的理论 [M]．徐州：中国矿业大学出版社，2000．

[67] 姜福兴，Xun Luo，杨淑华．采场覆岩空间破裂与采动应力场的微震探测研究 [J]．中国煤炭，2017，43（12）：63－67．

[68] 王永佳，刘建伟，宋选民．千米深井大采高综放工作面垮落带高度研究 [J]．岩土工程学报，2002（2）：147－149．

[69] 于学馥．信息时代岩土力学与采矿计算初步 [M]．北京：科学出版社，1991．

[70] 康立勋．大同综采工作面端面漏冒及其控制 [D]．徐州：中国矿业大学，1994．

[71] S S Peng．煤矿地层控制 [M]．北京：煤炭工业出版社，1984．

[72] 靳钟铭，徐林生．煤矿坚硬顶板控制 [M]．北京：煤炭工业出版社，1994．

[73] 刘天泉．矿山岩体采动影响与控制工程学及其应用 [J]．煤炭学报，1995，20（1）：1－5．

[74] S S Peng. Coal mine ground control, John Wiley & Sons, Inc, New York, 1978.

[75] Arutyunyan N, Metlov V V. Some problems in the theory of creep in bodies with variable boundaries [J]. Mechanics of Solids, 1982, 17（5）：92－103．

[76] 徐曾和，徐小荷，唐春安．坚硬顶板下煤柱岩爆的尖点突变理论分析 [J]．煤炭学报，1995，20（5）：485-491.

[77] 谭云亮，王泳嘉，朱浮生．矿山岩层运动非线性动力学反演预测方法 [J]．岩土工程学报，1998（4）：16-19.

[78] 张金才，刘天泉．论煤层底板采动裂隙带的深度及分布特征 [J]．煤炭学报，1990，15（2）：46-55.

[79] B. 斯列萨列夫．水体下安全采煤的条件 [R]．国外矿山防治水技术的发展和实践，冶金矿山设计院，1983.

[80] [波] M 鲍莱茨基，M 胡戴克著．矿山岩体力学 [M]．于振海，刘天泉，译．北京：煤炭工业出版社，1985.

[81] [苏] и. A 多尔恰尼诺夫．构造应力与井巷工程稳定性 [M]．赵义，译．北京：煤炭工业出版社，1984.

[82] B H G 布雷斯，E T 布朗．地下采矿岩石力学 [M]．冯树仁，等译．北京：煤炭工业出版社，1990.

[83] 刘天泉．煤矿地表移动与覆岩破坏规律及其应用 [M]．北京：煤炭工业出版社，1981.

[84] 张金才，刘天泉．论煤层底板采动裂隙带的深度及分布特征 [J]．煤炭学报，1990，15（2）：46-55.

[85] 张金才，张玉卓，刘天泉．岩体渗流与煤层底板突水 [M]．北京：地质出版社，1997.

[86] 高延法，李白英．受奥灰承压水威胁煤层采场底板变形破坏规律研究 [J]．煤炭学报，1992，17（1）：25-27.

[87] 李白英．预防矿井底板突水的"下三带"理论及其发展与应用 [J]．山东矿业学院院报，1999，18（4）：11-18.

[88] 张玉卓．岩层与地表移动计算原理及程序 [M]．北京：煤炭工业出版社，1993.

[89] 曹胜根，刘文斌，袁文波，等．房式采煤工作面的底板岩层应力分析 [J]．湘潭矿业学院学报，1998，13（3）：14-19.

[90] 王作宇，刘鸿泉．承压水上采煤 [M]．北京：煤炭工业出版社，1993.

[91] 黄庆享，郝高全．回采巷道底板破坏范围及其影响研究 [J]．西安科技大学学报，2018，38（1）：51-58.

［92］王作宇，刘鸿泉，王培彝，等．承压水上采煤学科理论与实践［J］．
煤炭学报，1994，19（1）：40-48.

［93］杨硕．采动损害空间变形力学预测［M］．北京：煤炭工业出版社，
1994.

［94］罗文．浅埋大采高综采工作面末采压架冒顶处理技术［J］．煤炭科学
技术，2013，41（9）：122-125，142.

［95］何国清，杨伦，凌赓娣，等编．矿山开采沉陷学［M］．徐州：中国
矿业大学出版社．

［96］李增琪．用富氏积分变换计算开挖引起的地表移动之二［J］．煤炭学
报，1985，10（1）：100-106.

［97］谢和平．岩石、混凝土损伤力学［M］．徐州：中国矿业大学出版社，
1990.

［98］何满潮．深部软岩工程的研究进展与挑战［J］．煤炭学报，2014，39
（8）：1409-1417.

［99］于广明．分形及损伤力学在开采沉陷中的应用研究［D］．北京：中
国矿业大学，1997.

［100］颜荣贵．地基开采沉陷及其地表建筑［M］．北京：冶金工业出版
社，1995.

［101］麻凤海，范学理，王泳嘉．岩层移动动态过程的离散单元分析
［J］．煤炭学报，1996，21（4）：388-392.

［102］季风，麻凤海．浅埋暗挖隧道围岩沉降数值分析［J］．辽宁工程技
术大学学报（自然科学版），2018，37（1）：82-86.

［103］崔希民，陈至达．开采位移场的有限变形分析［J］．中国矿业大学
学报，1995，24（4）：1-5.

［104］崔希民，陈至达．非线性几何场论在开采沉陷预测中的应用［J］．
岩土力学，1997，18（4）：15-29.

［105］李德海．近水平层状岩层移动规律的探讨［J］．矿山压力与顶板管
理，1996（2）：39-42.

［106］HAO H J，ZHANG Y. Stability analysis of coal wall in full-seam cut-
ting workface with fully-mechanized in thick seam［J］. Journal of Lia-
oning Technical University（Natural Science），2005，24（4）：489-
491.

[107] 武建国. 大采高综采工作面与巷道围岩控制技术研究 [D]. 太原：太原理工大学, 2004.

[108] 夏均民. 大采高综采围岩控制与支架适应性研究 [D]. 泰安：山东科技大学, 2004.

[109] 陈炎光, 徐永圻. 中国采煤方法 [M]. 徐州：中国矿业大学出版社, 2001.

[110] 王国法. 大采高技术与大采高液压支架的开发研究 [J]. 煤矿开采, 2009, 14 (1)：1-4.

[111] 高玉斌, 李永学. 寺河矿6.2 m大采高综采工作面设备选型研究与实践 [J]. 煤炭工程, 2008 (5)：5-7.

[112] 苏清政. 国产首套6.2 m大采高综采支架应用实践 [J]. 煤炭工程, 2007 (5)：99-101.

[113] 陈昆木. 厚煤层大采高回采工艺探讨 [J]. 煤炭技术, 2008, 27 (10)：160-161.

[114] 孙攀, 李阳, 郭丹丹. 6 m以上大采高液压支架稳定性分析与控制措施 [J]. 中州煤炭, 2009 (10)：14-15.

[115] 赵宏珠. 大采高支架的使用及参数研究 [J]. 煤炭学报, 1991, 16 (1)：32-38.

[116] 郝海金. 晋城矿区大采高开采技术探索与实践 [J]. 煤, 2011, 20 (12)：30-32, 55.

[117] 郝海金, 吴健, 张勇, 等. 大采高开采上位岩层平衡结构及其对采场矿压显现的影响 [J]. 煤炭学报, 2004, 29 (2)：137-141.

[118] 弓培林, 金钟铭. 大采高采场覆岩结构特征及运动规律研究 [J]. 煤炭学报, 2004, 29 (1)：7-11.

[119] 钱鸣高, 石平五. 矿山压力与岩层控制 [M]. 徐州：中国矿业大学出版社, 2003.

[120] 刘长友, 钱鸣高, 曹胜根, 等. 采场直接顶对支架与围岩关系的影响机制 [J]. 煤炭学报, 1997 (5)：471-476.

[121] 马盟, 方新秋, 梁敏富. 大采高综采面煤壁片帮影响因素及控制技术研究 [J]. 煤炭技术, 2017, 36 (5)：87-90.

[122] 徐芝纶. 弹性力学 [M]. 北京：高等教育出版社, 1990.

[123] 贺兴元, 江杰. 回采工作面木锚杆防片帮技术 [J]. 煤矿开采,

2001 (1): 72 – 73.

[124] 路建军，苏毅，崔建井．综采松软煤壁聚氨脂加固技术 [J]．煤矿开采，2002，7 (4): 69 – 74.

[125] 徐金海，张顶立，李正龙，等．综放工作面破碎顶板冒落特点及控制技术 [J]．煤，1999，8 (2): 30 – 32.

[126] 郝洪海，于明献，姚治彬，等．煤壁浅孔注水控制"三软"煤层煤壁片帮 [J]．矿山压力与顶板管理，2003 (2): 34 – 35.

[127] 李建国，田取珍，杨双锁．河滩沟煤矿综放面煤壁片帮机理及其控制 [J]．煤炭科学技术，2003，31 (12): 73 – 74.

[128] 刘波，韩彦辉．FLAC 原理、实例与应用指南 [M]．北京：人民交通出版社，2005.

[129] 钟玲文．煤内生裂隙的成因 [J]．中国煤田地质，2004，16 (3): 6 – 9.

[130] 赵理中，翟建山．对煤层断裂破坏的预测 [J]．山西矿业学院学报，1992，10 (4): 282 – 286.

[131] 宋选民．潞安矿区构造裂隙分布特征的实测分析 [J]．矿山压力与顶板管理，2002 (3): 101 – 106.

[132] 宋选民．放顶煤开采顶煤裂隙分布与块度的相关研究 [J]．煤炭学报，1998，23 (2): 150 – 154.

[133] 周维垣．高等岩石力学 [M]．北京：水利水电出版社，2005.

[134] 张培森．采动条件下底板应力场及变形破坏特征的研究 [D]．泰安：山东科技大学，2005.

[135] 凌贤长，蔡德所．岩体力学 [M]．哈尔滨：哈尔滨工业大学出版社，2002.

[136] 蒋金泉．采场围岩应力与运动 [M]．北京：煤炭工业出版社，1993.

[137] 唐世斌，黄润秋，唐春安．T 应力对岩石裂纹扩展路径及起裂强度的影响研究 [J]．岩土力学，2016，37 (6): 1521 – 1529，1549.

[138] Li S P, Wu D X. Effect of Confining Pressure, Pore Pressure and Specimen Dimension on Permeability of Yinzhuang sandstone. Int. J. Rack Mech. Min. Sci. . 1997 (3): 435 – 441.

[139] 杨强，张浩，吴荣宗．二维格构模型在岩石类材料开裂模拟中的应

用［J］. 岩石力学与工程学报，2000，（19）：941 - 945.

［140］张金才，张玉卓，刘天泉. 岩体渗流与煤层底板突水［M］. 北京：地质出版社，1993.

［141］代长青. 承压水体上开采底板突水规律的研究［D］. 淮南：安徽理工大学，2005.

［142］ZHAI Y D, KANG L X. Study on the cutting plane friction law of sandstone［J］. Journal of Coal Science & Engineering（China），2003，9（2）：40 - 42.

［143］朱昌星. 综放工作面开切眼与停采线大断面巷道支护技术研究［D］. 泰安：山东科技大学，2004.

［144］朱涛，张兆民，宋敏. 塔山煤矿超厚煤层综放工作面重型装备搬撤技术［J］. 煤炭工程，2008（10）：15 - 17.

［145］康立勋，翟英达. 块体结构岩体中的应力传递与采场基本顶结构载荷计算［J］. 岩石力学与工程学报，2005，23（5）：1720 - 1723.

［146］朱涛，张百胜，冯国瑞，等. 极近距离煤层下层煤采场顶板结构与控制［J］. 煤炭学报，2010（2）：190 - 193.

［147］牟秀超，张百胜，杨永康，等. 综放工作面端面顶板稳定性控制研究［J］. 煤炭安全，2018，49（7）：43 - 47.

［148］贺广零，黎都春，翟志文，等. 采空区煤柱 - 顶板系统失稳的力学分析［J］. 煤炭学报，2007，32（9）：897 - 898.

［149］于海湧，于海波，吴兆华. 四柱式与两柱式放顶煤支架适用条件分析［J］. 中国煤炭，2011，37（9）：59 - 63.

图书在版编目（CIP）数据

软煤层大采高综采采场围岩控制理论及技术研究/
朱涛等著．－－北京：应急管理出版社，2020

ISBN 978 - 7 - 5020 - 7540 - 8

Ⅰ．①软… Ⅱ．①朱… Ⅲ．①软煤层—大采高—综采
工作面—围岩控制—研究 Ⅳ．①TD82

中国版本图书馆 CIP 数据核字（2019）第 105776 号

软煤层大采高综采采场围岩控制理论及技术研究

著　　者	朱　涛　胡兴涛　刘治国　宋　敏	
责任编辑	武鸿儒	
责任校对	李新荣	
封面设计	安德馨	

出版发行　应急管理出版社（北京市朝阳区芍药居 35 号　100029）
电　　话　010 - 84657898（总编室）　010 - 84657880（读者服务部）
网　　址　www. cciph. com. cn
印　　刷　北京虎彩文化传播有限公司
经　　销　全国新华书店

开　　本　880mm × 1230mm$^1/_{32}$　印张　$5^1/_4$　字数　133 千字
版　　次　2020 年 10 月第 1 版　2020 年 10 月第 1 次印刷
社内编号　20192401　　　　　　定价　25.00 元